工业和信息化精品系列教材

U0277449

Python
程序设计项目化教程

微课版

张玉叶 王彤宇 ◉ 主编
刘文 王艳娟 崔敏 ◉ 副主编

PROJECT TUTORIAL OF
PYTHON PROGRAMMING

人民邮电出版社

北京

图书在版编目（CIP）数据

Python程序设计项目化教程：微课版 / 张玉叶，王彤宇主编. -- 北京：人民邮电出版社，2021.11

工业和信息化精品系列教材

ISBN 978-7-115-56968-4

Ⅰ. ①P… Ⅱ. ①张… ②王… Ⅲ. ①软件工具—程序设计—高等学校—教材 Ⅳ. ①TP311.561

中国版本图书馆CIP数据核字(2021)第141411号

内 容 提 要

本书以一个完整的学生信息管理系统项目为载体，按照项目开发流程和读者的认知规律，由浅入深、循序渐进地将 Python 程序设计的理论知识和关键技术融入各个工作任务中。通过完成一个个具体任务到最终实现整个项目，读者能够快速掌握 Python 程序设计开发的相关理论知识和职业技能，能够独立开发各种小型信息管理系统。

本书涉及的主要知识点和技能点包括：开发环境的搭建、各种运算符与表达式的使用方法、三种基本控制结构的使用方法、常用序列的使用方法、函数的使用方法、文件及目录操作、异常处理、SQLite 数据库操作等。

本书既可作为应用型本科和高职院校相关专业 Python 程序设计课程的教材或教学参考书，也可作为考取"1+X 数据采集职业技能等级证书"的辅助用书，还可供广大计算机从业者和爱好者学习和参考。

- ◆ 主　　编　张玉叶　王彤宇
  副 主 编　刘 文　王艳娟　崔　敏
  责任编辑　马小霞
  责任印制　王　郁　彭志环
- ◆ 人民邮电出版社出版发行　　　北京市丰台区成寿寺路 11 号
  邮编 100164　电子邮件 315@ptpress.com.cn
  网址 https://www.ptpress.com.cn
  山东百润本色印刷有限公司印刷
- ◆ 开本：787×1092　1/16
  印张：13.25　　　　　　　　　　2021 年 11 月第 1 版
  字数：337 千字　　　　　　　　2024 年 7 月山东第 8 次印刷

定价：49.80 元

读者服务热线：(010)81055256　印装质量热线：(010)81055316
反盗版热线：(010)81055315
广告经营许可证：京东市监广登字 20170147 号

前言 PREFACE

Python 是一种面向对象的解释型程序设计语言，它简单易学、开源免费，拥有种类丰富和功能强大的类库，应用领域广泛。随着 Python 自身功能的完善以及其生态系统的扩展，Python 在 Web 开发、网络爬虫、数据分析与数据挖掘、人工智能等应用方面逐渐占据领导地位，成为人们学习编程的首选语言，因此越来越多的人开始学习和使用 Python。

本书依据"职业情境、项目主导"的人才培养规律，按照"学中做、做中学"的教学思路，立足"教、学、做"一体化，遵循工作过程系统化课程开发理论，打破传统的"章、节"编写模式，采用项目任务式的编写体系，将职业标准、岗位技能、专业知识、1+X 职业技能等级证书有机结合，使读者能够快速掌握专业知识的同时，养成良好的编码习惯，激发科技兴国、技能强国的使命感和担当感。

本书以一个学生信息管理系统项目为载体，整个项目共分为 9 个任务。

任务 1 项目开发环境搭建，通过此任务的完成，读者可以了解 Python 的发展、特点及应用；掌握 IDLE 的下载与安装及使用；扩展库的安装及模块导入等内容。

任务 2 单个学生成绩处理，通过此任务的完成，读者可以掌握 Python 中常用的基本数据类型、运算符及表达式的使用，能够根据实际问题选用合适的数据类型并完成相应的运算。

任务 3 系统界面设计与实现，通过此任务的完成，读者可以掌握 Python 的三种基本控制结构的使用，能够熟练使用三种基本控制结构编制相应的程序解决实际问题。

任务 4 批量学生成绩处理，通过此任务的完成，读者可以掌握 Python 中列表、元组、字典、集合和字符串常用序列的使用，能够熟练使用不同序列完成批量数据的处理。

任务 5 学生基本信息管理模块实现，通过此任务的完成，读者可以了解结构化程序设计方法和 Python 函数式编程思想，掌握 Python 中函数的使用，能够熟练使用函数解决实际问题。

任务 6 学生类的设计与实现，通过此任务的完成，读者可以了解面向对象编程的基本思想，掌握 Python 中面向对象编程方法，能够使用面向对象编程解决相应问题。

任务 7 数据的导入导出，通过此任务的完成，读者可以了解和掌握 Python 中文件和目录的基本操作，能够熟练使用文件完成数据的导入导出。

任务 8 系统异常处理，通过此任务的完成，读者可以了解和掌握 Python 中异常的处理，能够合理使用异常处理结构，编制更加健壮的程序。

任务 9 基于 SQLite 的学生信息管理系统，通过此任务的完成，读者可以了解和掌握 Python 操作 SQLite 数据库的方法和过程，能够实现基于 SQLite 数据库的信息管理系统开发。

本书的主要特色如下。

一、以"立德树人，德技并重"为主线，全面提升综合素养

本书以党的二十大精神为基本纲领，融价值塑造、知识传授和能力培养于一体，力求全面提升读者的综合素质和职业素养。使用正版软件，将网络安全和知识产权保护融入其中；编码规范，代

码可重用、可维护、可读等,将职业要求和职业素养渗透其中;选取弘扬社会正能量的编程案例,在提升技能的同时将社会主义核心价值观悄然融入其中;在程序调试、优化过程中培养读者耐心细致、精益求精的工匠精神;在任务实施过程中培养读者团队合作精神,锻炼读者沟通协调能力;在拓展实践项目中介绍如何将所学应用于所需,培养读者自主学习能力、独立解决问题能力及守正创新能力。

二、采用"以项目为导向,以任务为驱动,融知识学习与技能训练于一体"的编写体系

本书遵循职业教育教学规律和技能人才培养规律,打破传统的学科知识体系的编写模式,对课程知识点进行重构,由浅入深、循序渐进地将 Python 程序设计的理论知识和关键技术融入各个任务中。通过各任务的实施到整个项目的完成,读者能够快速掌握 Python 基础理论知识,培养 Python 编程技能,提高项目实战能力。

三、"校企行"紧密结合,优化教学内容

本书的编写成员来自济南职业学院、山东师范大学、浪潮软件股份有限公司等,形成了一支学校、企业、行业紧密结合的课程建设团队,使得内容的组织与安排不但符合学生的学习规律,而且紧跟技术发展潮流,满足企业实际需求。

四、"岗课赛证"有机融合

本书在内容选取和编排上融合了 1+X 数据采集职业技能等级证书考试和职业技能大赛的相关技能要求,使得岗位标准、课程内容和职业技能有机融合,能够有效提升读者的岗位技能。

五、结构合理,资源丰富

本书结构编排合理,课程配套资源丰富,可充分满足线上/线下混合式教学或自主学习。

本书主要执笔人员为:任务 1,张玉叶、王艳娟;任务 2,王彤宇、崔敏;任务 3,张玉叶、刘文;任务 4,张玉叶、王艳娟;任务 5,王彤宇、刘文;任务 6,张玉叶、崔敏;任务 7,刘文,张玉叶,任务 8,王彤宇、王艳娟;任务 9,张玉叶、崔敏。全书由张玉叶、王彤宇统稿。浪潮软件股份有限公司"1+X 数据采集职业技能等级证书"负责人穆建平对内容的选取和项目的制作给予了大力支持,山东师范大学的鲁燃对本书内容和结构提出了合理化建议,还有其他参与课程建设与本书编写的人员未能一一列出,在此一并表示感谢!

尽管在编写过程中力求准确、完善,但仍难免有疏漏或不足之处,恳请广大读者批评指正,在此深表谢意!

编者
2023 年 5 月

目录 CONTENTS

任务1
项目开发环境搭建

01

学习目标

- 了解 Python 语言的发展历程、特点及应用领域。
- 掌握 Python 程序的不同运行方式。
- 掌握常用的 pip 命令。
- 掌握模块导入的不同方法。

能力目标（含素养要点）

- 能够下载与安装 IDLE（版权意识）。
- 能够熟练使用 IDLE 的基本操作（细致耐心　严谨踏实）。
- 能够完成扩展库的安装及模块的导入（自主学习）。

1.1　任务描述

　　项目组接到一个新项目，要为某学校开发一个"学生信息管理系统"，经过与客户沟通交流，确定该系统的主要功能模块如图 1-1 所示。整个学生信息管理系统主要包括两大模块：基本信息管理模块和学生成绩管理模块，基本信息管理模块的主要功能有学生信息添加、删除、修改、显示和学生数据导入、导出，学生成绩管理模块的主要功能有统计课程最高分、最低分和平均分。

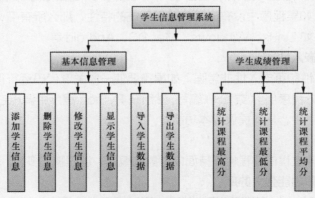

图 1-1　学生信息管理系统的主要功能模块

"工欲善其事，必先利其器"，为顺利完成项目开发，项目组决定采用 Python 进行开发。首先需要搭建项目开发的环境。本任务的主要内容包括了解项目所用的开发语言，搭建项目开发所需要的环境，掌握开发环境的基本使用方法。

1.2 技术准备

随着云计算、大数据、人工智能等技术的兴起，越来越多的人开始学习和使用 Python。到底是什么让 Python 如此大受欢迎？让我们先来了解一下 Python，揭开其神秘的面纱吧！

1.2.1 Python 简介

Python 是一门跨平台、开源免费、面向对象的解释型高级动态编程语言，由吉多·范罗苏姆（Guido van Rossum）于 1989 年开发。1991 年年初，Python 发布了第一个公开发行版。2000 年 10 月，Python 2.0 正式发布。2008 年 12 月，Python 3.0 正式发布。

Python 主流版本主要有 Python 2.x 和 Python 3.x 系列。Python 3.x 系列相比 2.x 系列在语法层面和解释器内部都有了很多重大的改进，语句输出、编码、运算和异常等方面也有了一些调整，因此 3.x 系列的代码无法向下兼容 2.x 系列。

2018 年 3 月，Python 团队宣布将在 2020 年停止支持 Python 2.x 系列，只支持 Python 3.x 系列。基于此，本项目选用目前流行的 Python 3.x 系列进行开发。

1.2.2 Python 特点

与其他常用编程语言如 C、C++、Java 等相比，Python 具有以下特点。

1. 简单易学

Python 语法简洁，其语法主要用来精确表达问题逻辑，接近自然语言，在实现相同的程序功能时，Python 所用的代码行数往往远远少于其他语言。更少的代码行数、更简洁的表达方式可减少程序错误和缩短开发周期，易于快速上手。

2. 开源免费、可移植性强

Python 是一款自由开放源码软件，读者可阅读其源代码，自由地对它做改动。用 Python 编写的程序可移植性较强，如果程序中没有使用依赖于系统的特性，那么所有 Python 程序无须修改就可在不同平台中运行，如 Linux、Windows、MacOS、Android 等。

3. 可扩展性和可嵌入性

Python 的可扩展性和可嵌入性非常强。如果需要使一段关键代码运行得更快或者希望某些算法不公开，可以把这部分程序用 C 或 C++编写，然后在 Python 程序中调用它们。还可以将 Python 程序嵌入 C 或 C++程序中，从而提供脚本功能。

4. 编程模式多样

Python 既支持面向过程的编程也支持面向对象的编程，编程模式多样。

5. 具有种类丰富和功能强大的库

Python 自身具有种类丰富和功能强大的库，同时还拥有数量众多的第三方扩展库，这使得人们通过编程实现相应的功能变得非常简单，这也是 Python 得以流行的原因之一。

6. 代码规范

Python 通过强制缩进来体现语句之间的逻辑关系，使得代码可读性增强，进而提升了 Python 程序的可维护性。

1.2.3 Python 应用

因为 Python 简单易学、类库丰富、可扩展性强，所以其应用领域非常广泛，常用的应用领域如下。

1. Web 开发

Python 是目前 Web 开发的主流语言之一，其类库丰富、使用方便，能够为一个需求提供多种方案。常用的 Web 开发框架有 Django、Flask、Tornado、web2py 等，这些框架能够帮助用户快速、方便地构建功能完善的高质量网站。目前，很多大型网站如豆瓣、知乎等均为 Python 开发。

2. 爬虫开发

除了 Python 自身的标准库 urllib 外，还有众多的第三方扩展库（如 Requests、BeautifulSoup 等），以及一些爬虫框架（如 Scrapy），这些大量的库使得利用 Python 进行爬虫开发更加方便、高效。

3. 人工智能

Python 生态圈拥有大量用于机器学习、深度学习、图像识别、自然语言处理等人工智能领域的第三方扩展库，如 Scikit-learn、TensorFlow、PyTorch、NLTK 等。

4. 自动化运维

Python 是一种脚本语言，本身提供了一些能够调用系统功能的库，可通过编写脚本来控制系统，实现自动化运维。目前常用的一些系统自动化运维工具如 Ansible、Airflow、Celery、Paramiko 等都是用 Python 开发的。

5. 科学计算与数据分析

Python 生态圈为科学计算与数据分析提供了大量扩展库，如 SciPy、NumPy、Pandas、Matplotlib 等，通过这些库可方便地进行大量复杂的科学计算、数据分析与可视化。

6. 游戏开发

Python 可以用更少的代码描述游戏业务逻辑，可以大大缩减大型游戏项目的代码量。因此很多游戏开发者先利用 Python 来编写游戏逻辑代码，再使用 C++ 编写图形显示等对性能要求较高的模块。Python 的 Pygame 模块可以用于制作二维游戏。

7. 多媒体应用

Python 的 PIL、Piddle、ReportLab 等模块可方便地处理图像、声音、视频、动画等，并可动态生成统计分析图表，同时还可处理二维和三维图像，因此 Python 也被广泛应用于多媒体处理。

1.3 任务实施

Python 的开发环境有很多，其中比较常用的有 Anaconda、PyCharm、Eclipse+PyDev、

IDLE 等。Anaconda 内置了 Python 解释器和一些科学计算及数值分析相关的模块，在数据分析与数据挖掘方面具有优势，是数据科学家和数据分析人员的首选开发环境。PyCharm 和 Eclipse+PyDev 功能强大，除了具备程序开发的一些基本功能外，还可提供项目管理、单元测试、版本控制等功能，比较适合大型项目的开发。IDLE 是 Python 自带的集成开发环境，其界面简洁，使用简单方便，适合小型项目的开发和初学者使用。本项目选用 IDLE 作为开发环境。

1.3.1 IDLE 的下载与安装

1. IDLE 的下载

进入 Python 官方网站首页，单击页面导航菜单栏中的"Downloads"菜单，然后在下拉列表中选择"Windows"，如图 1-2 所示。在列出的所有版本中找到要下载的版本（本书使用的是 3.6.2 版本，Python 版本众多，且更新较快，对初学者来说，并不需要刻意区分每个版本的差别，只要掌握一些常用语法的使用即可），根据计算机操作系统选择 64 位或 32 位。如要下载 64 位的 3.6.2 版本，需选择"Windows x86-64 executable installer"选项，下载页面如图 1-3 所示。下载的安装包是一个扩展名为".exe"的可执行文件。

微课 1-1：IDLE
的下载与安装

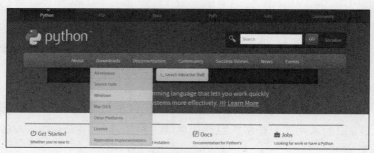

图 1-2 选择"Windows"

- Python 3.6.2 - 2017-07-17
  - Download Windows x86 web-based installer
  - Download Windows x86 executable installer
  - Download Windows x86 embeddable zip file
  - Download Windows x86-64 web-based installer
  - Download Windows x86-64 executable installer
  - Download Windows x86-64 embeddable zip file
  - Download Windows help file

图 1-3 下载页面

2. IDLE 的安装

运行下载的 python-3.6.2-amd64.exe 安装包，会出现图 1-4 所示的 Python 安装界面，界面中提示有两种不同的安装方式，如果要采用系统默认路径安装，就直接单击"Install Now"选项；如果想指定安装路径，就选择"Customize installation"选项。两种安装方式都可以，根据需要选择其中一种即可。不论选用哪种安装方式，都要确保勾选上"Add Python 3.6 to PATH"复选框，这样安装完成后就无须再自行设置系统环境变量了。

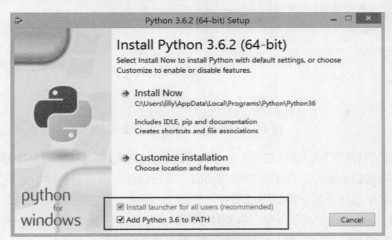

图 1-4 Python 安装界面

1.3.2 IDLE 的使用

IDLE 安装完成后，就可以直接使用了，在"开始"菜单中找到"IDLE（Python 3.6 64-bit）"命令运行，默认进入的是交互式界面，如图 1-5 所示。">>> "为 Python 提示符，在交互式开发界面中，每次只能执行一条语句，当提示符">>> "再次出现时方可输入下一条语句。普通语句输入完成后直接按"Enter"键就可执行该语句，而一些复合语句需要按两次"Enter"键才能执行。

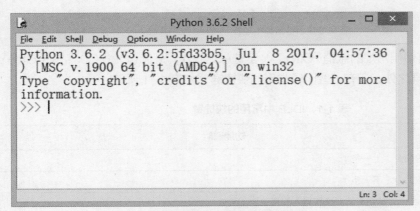

微课 1-2：IDLE
的使用

图 1-5 IDLE 交互式界面

交互模式一般用来实现一些简单的功能，或验证某些功能。通常情况下为了代码能够重复使用或执行，或是实现一些比较复杂的业务逻辑，需要将程序代码保存在一个文件中，此时可利用菜单"File"→"New File"命令来创建一个程序文件，将其保存为扩展名为".py"或".pyw"（GUI程序文件扩展名为".pyw"）的文件，然后按功能键"F5"或选择菜单"Run"→"Run Module"命令运行程序，结果会输出到交互式界面中，如图 1-6 所示。

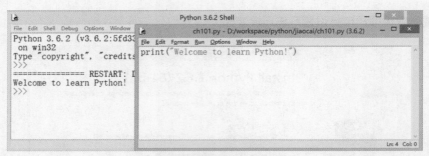

图 1-6　使用 IDLE 编写和运行程序

　　Python 程序文件除了可以直接在 IDLE 中运行之外，也可以通过在资源管理器中双击运行，还可以在命令提示符窗口中运行。在命令提示符窗口中运行程序文件，有两种不同的方法，一种是直接输入程序文件名来运行，另一种是通过命令"python 程序文件名"来运行。假设有 Python 程序文件 ch101.py，其在命令提示符窗口中两种不同的运行方法如图 1-7 所示。建议采用第二种方法运行，第一种方法虽然相对简单，但有时可能会影响某些程序的正常运行。

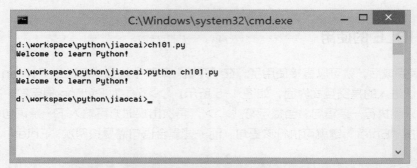

图 1-7　在命令提示符窗口中运行 Python 程序文件

　　在 IDLE 中，除了可使用常规的撤销（Ctrl+Z）、全选（Ctrl+A）、复制（Ctrl+C）、粘贴（Ctrl+V）、剪切（Ctrl+X）等快捷键之外，还有一些比较常用的快捷键，如表 1-1 所示。

表 1-1　IDLE 中常用的快捷键

快捷键	功能说明
Alt+P	浏览历史命令（上一条）
Alt+N	浏览历史命令（下一条）
Ctrl+F6	重启 Shell，之前定义的对象和导入的模块全部失效
F1	打开 Python 帮助文档
Alt+/	自动补全前面曾经出现过的单词，如果之前有多个单词具有相同前缀，则在多个单词中循环选择
Ctrl+]	缩进代码块
Ctrl+[	取消代码块缩进
Alt+3	注释代码块
Alt+4	取消代码块注释
Tab	补全单词

1.3.3 扩展库的安装与模块导入

1. 扩展库安装

Python 之所以能在各行业领域广泛使用，一个重要的原因是它有丰富的第三方扩展库。在标准的 Python 安装包中，只包含标准库，并不包含任何扩展库，开发人员需根据自己的需要来安装相应的扩展库。通常情况下可使用 Python 自带的 pip 工具来在线安装、升级或卸载扩展库。

注意 pip 命令的执行是在 Windows 的命令提示符窗口进行的。

常用的 pip 命令如下。

（1）扩展库安装命令

```
pip install SomePackage[==version]
```

功能：在线安装 SomePackage 模块的指定版本，如没有指定相应的版本，则默认安装最新版本。

（2）扩展库卸载命令

```
pip uninstall SomePackage[==version]
```

功能：卸载 SomePackage 模块的指定版本。

（3）列出当前已安装的所有模块

```
pip list
```

微课 1-3：扩展库的安装与模块导入

提示 使用 pip 命令时最好切换到 Python 安装目录下的 Scripts 目录下，再执行相应的命令。

对于刚安装完的 IDLE，此时没有安装任何扩展库，执行命令"pip list"，会发现除了 pip 和 setuptools 外没有其他任何扩展库列出，如图 1-8 所示。

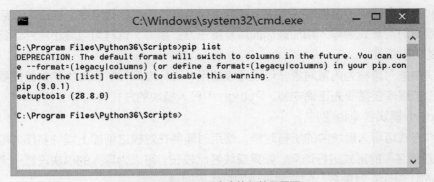

图1-8 pip list 命令执行结果界面

如果要在线安装扩展库 NumPy，可执行命令"pip install numpy"，出现"Successfully installed …"后，表明安装成功，此时再执行命令"pip list"，会发现多了一个刚安装的 NumPy，如图 1-9 所示。

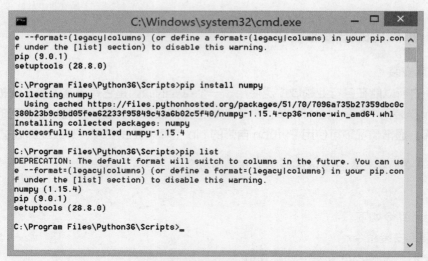

图 1-9　扩展库 NumPy 的安装

　　pip 工具也支持以离线方式安装扩展库。采用离线安装需要先下载相应的离线安装包，离线安装包通常是一个 wheel 文件，其扩展名为 ".whl"。

　　离线安装命令：

```
pip install <wheel 文件名>
```

> **说明**　其中文件名要包含完整路径。

　　例如以离线方式安装扩展库 lxml，设下载的离线安装包 "lxml-4.3.4-cp36-cp36m-win_amd64.whl" 放在 "d:\whl" 目录中，则相应的安装命令为：

```
pip install d:\whl\lxml-4.3.4-cp36-cp36m-win_amd64.whl
```

2. 模块导入

　　Python 由基本模块（也称核心模块）和若干标准模块（也称标准库）构成，在启动时只加载基本模块，需要时可显式地导入和加载标准库及第三方扩展库，这样可以减小程序运行的压力，并且具有很强的可扩展性。

　　基本模块中的对象称为内置对象，可以直接使用，而标准库和扩展库中的对象需要导入之后才能使用，当然扩展库还需要先正确安装。Python 中导入模块的方式有如下 3 种。

　　（1）import 模块名 [as 别名]

　　使用此种方式可导入模块中的所有对象，使用时需要在对象之前加上模块名作为前缀，即必须以 "模块名.对象名" 的形式进行访问。如果模块名比较长，可以为导入的模块设置一个比较简短的别名，然后使用 "别名.对象名" 的方式来访问其中的对象。

```
>>> import math            # 导入标准库 math
>>> math.sqrt(16)          # 求平方根，通过 "模块名.对象名" 形式访问
4.0
>>> import random as rm    # 导入标准库 random，并为其设置一个别名
```

```
>>> rm.randint(1,10)        # 随机生成一个[1,10]的整数,通过"别名.对象名"形式访问
8
```

(2) from 模块名 import 对象名[as 别名]

使用此方式仅能导入模块中指定的对象,并且可以为导入的对象设置一个别名。使用此种方式导入对象后,无须在前面再加模块名作为前缀。

```
>>> from math import sqrt
>>> sqrt(16)                # 求平方根函数
4.0
```

(3) from 模块名 import *

使用此种方式可一次性导入模块中的所有对象,与方式(1)类似,不同的是采用此种方式导入对象后,对象可直接使用,无须在前面加模块名作为前缀。

```
>>> from math import *
>>> sqrt(16)
4.0
>>> sin(0)
0.0
>>> cos(0)
1.0
```

1.4 任务小结

通过本任务的学习,我们了解了 Python 的发展历程、特点及应用领域,掌握了 Python 开发环境的搭建方法,能够独立完成 IDLE 的下载与安装、扩展库的安装及模块导入,能够熟练掌握 IDLE 的基本操作。支持正版,远离盗版。建议读者树立安全意识,尽量通过官网下载软件,避免使用来路不明软件。

1.5 练习题

一、填空题

1. Python 安装扩展库常用的工具是_____。
2. Python 程序文件扩展名主要有_____和".pyw 两种",其中后者常用于 GUI 程序文件。
3. 使用 pip 工具查看当前已安装的 Python 扩展库的完整命令是_____。
4. 使用 pip 工具安装科学计算扩展库 NumPy 的完整命令是_____。
5. 在 IDLE 交互模式中浏览上一条语句的快捷键是_____。

二、判断题

1. Python 3.x 系列版本完全兼容 Python 2.x 系列版本。   (   )
2. Python 是一种跨平台、开源、免费的高级动态编程语言。   (   )
3. 只有 Python 扩展库才需要导入以后使用其中的对象,Python 标准库不需要导入即可使用

其中的所有对象和方法。 （ ）

4．不可以在同一台计算机上安装多个 Python 版本。 （ ）

5．在 Windows 平台上编写的 Python 程序无法在 UNIX 平台运行。 （ ）

三、上机练习题

1．在 IDLE 中编写程序，输出"欢迎学习 Python!"。

2．求一个数的平方根。要求用不同方式导入所需模块。

3．安装扩展库 Jupyter Notebook，练习 Jupyter Notebook 的基本操作。

1.6 拓展实践项目——开发商品信息管理系统

　　某电商店铺为了更好地了解和管理所售商品，委托项目组开发一个"商品信息管理系统"。系统由两大模块构成：商品基本信息管理模块和商品销量统计模块。商品基本信息管理模块的主要功能有：商品基本信息的添加、删除、修改和显示以及商品信息数据的导入、导出。商品销量统计模块的主要功能有：统计商品的最高销量、最低销量、平均销量。

　　请根据客户需求画出相应的系统功能图。商品基本信息如表 1-2 所示。

表 1-2　商品基本信息

编号	名称	一季度销量	二季度销量	三季度销量
1001	书桌	380	397	290
1002	台灯	200	156	260
1003	椅子	480	520	490
1004	书架	150	320	530
……	……	……	……	……

任务2
单个学生成绩处理

02

学习目标

- 了解 Python 中常用的关键字。
- 理解标识符的作用及其命名规则。
- 掌握各种基本数据类型的表示及类型转换方法。
- 掌握常量、变量、运算符和表达式的使用方法。

能力目标（含素养要点）

- 能够正确规范命名标识符（编码规范）。
- 能够正确使用常量和变量。
- 能够熟练使用各种基本数据类型和运算符完成简单的计算（知行合一）。

2.1 任务描述

学生成绩管理模块需要完成学生考试成绩的相关处理，如统计每门课程的最高分、最低分、平均分和成绩排序等。本任务主要完成对单个学生成绩的处理：统计某个学生选修课程的总分和平均分。完成本任务需要了解和掌握 Python 中编写程序的一些基本知识：数据的表示、存储和运算。

2.2 技术准备

2.2.1 标识符与关键字

1. 标识符

标识符是程序开发人员自己定义的一些符号和名称，这些符号和名称用来标识编写程序用到的变量名、函数名、文件名等。简单地说，标识符就是一个名字。

使用标识符时应遵循以下几点。

① 标识符只能由字母、数字和下画线 3 种字符组成，且第一个字符必须为字母或下画线。Python 3.x 中采用 Unicode 字符集、UTF-8 编码规则，该字符集本身支持中文。因此，Python 3.x

中允许标识符中有汉字。

② 标识符大小写敏感，即严格区分大小写，所以 Student 和 student 是两个不同的标识符。

③ 标识符没有长度限制。

④ 不能使用关键字作为标识符。

可利用系统提供的字符串方法 isidentifier() 来判断某一标识符是否合法。如果返回值是 True，就表示是合法标识符；如果返回值是 False，就表示是非法标识符。

```
>>> 'abc'.isidentifier()        #  'abc'是合法标识符
True
>>> '_123'.isidentifier()       #  '_123'是合法标识符
True
>>> '23'.isidentifier()         #  '23'为非法标识符
False
```

2. 关键字

Python 中关键字有特殊含义，不允许通过任何方式改变其含义，也不允许其用来作为变量名、函数名等标识符。Python 自带一个 keyword 模块，用于检测关键字。要想查看 Python 中的关键字，可在导入模块 keyword 后，利用 keyword.kwlist 命令来查看所有关键字。代码如下。

```
>>> import keyword
>>> keyword.kwlist
```

2.2.2 数据类型

Python 中的基本数据类型如表 2-1 所示。

表 2-1 Python 中的基本数据类型

数据类型	示例
整型（int）	2、3
浮点型（float）	3.4、3e5
复数型（complex）	3-4j、3+4J
字符串（str）	'Python' 、"good"
字节串（bytes）	b'\0x41'
布尔型（bool）	只有两个值：True、False
空类型（NoneType）	None

1. 整型（int）

整型数据也就是通常所说的整数，可正可负。整型数据有以下几种不同的表示形式。

十进制整数：如 0、-1、9、123。

十六进制整数：以 0x 开头，如 0x10、0xfa、0xabcdef。

八进制整数：以 0o 开头，如 0o35、0o11。

二进制整数：以 0b 开头，如 0b101、0b100。

2. 浮点型（float）

浮点型数据由整数部分与小数部分组成，既可以用小数形式表示（如 2.3），也可以使用科学记数法表示（如 2.3e-5、2.5e2）。在使用科学记数法表示时，要求字母 e（或 E）前面必须有数字，后面必须为整数。

微课 2-1：数字型数据

3. 复数型（complex）

复数型由实部和虚部两部分构成，虚部以字母 j 或 J 结尾，形如 a+bj 或 a+bJ，如 3+2j、3－4J。

在 Python 中，将整型、浮点型和复数型统称为数字类型（number）。对于数字类型，Python 提供了大量的函数对其操作。常用的内置函数有求绝对值函数 abs(x)、四舍五入取整函数 round(x[, 小数位数])等。

```
>>> abs(-9.8)              # 求绝对值
9.8
>>> round(123.4567,2)      # 保留 2 位小数
123.46
>>> round(123.4567)        # 取整（保留 0 位小数）
123
```

> **提示**　每个函数的具体用法可通过 help(函数名)来查看，如 help(round)。

除了内置函数之外，标准模块 math 也提供了大量的函数供数字类型数据使用。math 中常用函数如表 2-2 所示。

表 2-2　math 中常用函数

函数	功能说明
ceil(x)	返回数字的上入整数，如 math.ceil(4.1)返回 5
floor(x)	返回数字的下舍整数，如 math.floor(4.9)返回 4
sqrt(x)	返回 x 的平方根
factorial(x)	返回 x 的阶乘
gcd(x, y)	返回 x、y 的最大公约数
log10(x)	$\log_{10}^{x}$
log2(x)	$\log_{2}^{x}$
sin(x)、cos(x)、tan(x)等	三角函数

```
>>> import math
>>> math.ceil(8.3)
9
>>> math.ceil(8.9)
9
```

```
>>> math.floor(8.3)
8
>>> math.floor(8.9)
8
```

> 提示　同样，如果不清楚某个函数的具体用法，可通过 help 命令来查看，如 help(math.ceil)。

4. 字符串（str）

（1）普通字符串

字符串是指用单引号、双引号或三引号括注的一串字符，如'abc'、'中国'、"Python"。

单引号、双引号、三单引号、三双引号可以互相嵌套，用来表示复杂字符串，如''' Tom said, "Let's go" '''。

空字符串可用''或""来表示。

微课 2-2：字符串类型数据

（2）转义字符

有一些具有特殊含义的控制字符，如回车、换行等，这些非显示字符难以用一般形式表示，通常以 "\" 开头，后面跟一个固定字符来表示，称为转义字符。Python 中常用的转义字符如表 2-3 所示。

表 2-3　Python 中常用的转义字符

转义字符	含义	转义字符	含义
\\	反斜杠符号	\v	纵向制表符
\'	单引号	\t	横向制表符
\"	双引号	\r	回车
\a	响铃	\f	换页
\b	退格（Backspace）	\ddd	3 位八进数 ddd 代表的字符，例如：\012 代表换行
\n	换行	\xyy	十六进制数 yy 代表的字符，例如：\x0a 代表换行

（3）原始字符串

字符串定界符前面加字母 r 或 R 表示原始字符串，其中的特殊字符不进行转义，但字符串的最后一个字符不能是 "\"。原始字符串主要用于正则表达式、文件路径或者 URL 等场合。

```
>>> print( 'C:\Windows\notepad.exe')        # 字符\n 被转义为换行符
C:\Windows
otepad.exe
>>> print( r'C:\Windows\notepad.exe')        # 原始字符串，任何字符都不转义
C:\Windows\notepad.exe
>>> print('d:\workspace\temp')        # 字符\t 被转义为横向制表符
d:\workspace    emp
>>> print(r'd:\workspace\temp')        # 原始字符串，任何字符都不转义
```

```
d:\workspace\temp
```

5. 字节串（bytes）

字节串是指以字母 b 或 B 开始，以单引号、双引号、三引号括注的一串字节，如 b'\0x41'。

6. 布尔型（bool）

布尔型数据只有两个值：True 和 False。

7. 空类型（NoneType）

Python 中空类型数据只有一个值 None，表示什么都没有，与 0 值和空字符串""不同。

2.2.3 常量与变量

1. 常量

在程序运行过程中其值保持不变的量称为常量，分为字面常量和符号常量。例如 3、"hello"、True 等为字面常量；标准模块 math 中的 pi 为符号常量，代表数学中的圆周率 π（ 值约为 3.1415… ）。

2. 变量

在程序运行过程中其值可以变化的量称为变量。使用变量时须先为其取一个名字，称为变量名，然后才可为其赋值。在 Python 中，变量无须声明，可直接赋值。

在给变量命名时应遵循标识符命名规则。虽然原则上符合语法要求的字符或字符串都可以作为变量名，但为了提高程序的规范性和可读性，在给变量命名时应尽量做到见名知意，即变量名应能体现其表示的变量的含义，例如用 age 表示年龄，用 score 表示成绩等。

2.2.4 运算符与表达式

不同的运算符适用于不同的数据类型，Python 针对不同的数据类型提供了几种不同的运算符。用运算符、括号将数据连接起来的有意义的式子称为表达式。

微课 2-3：算术运算符与表达式

1. 算术运算符

算术运算符用于对数字对象（整数、浮点数、复数）进行运算。Python 中的算术运算符如表 2-4 所示。

表 2-4　算术运算符

运算符	含义	示例
+	加	3 + 5 的结果为 8
−	减	3 − 2 的结果为 1
*	乘	3 * 2 的结果为 6
/	除	5 / 2 的结果为 2.5
%	取余	5 % 2 的结果为 1
**	幂运算	3 ** 2 的结果为 9
//	求整商	9 // 4 的结果为 2

说明如下。

① "//" 的结果为整数，对整数和浮点数都可用，如操作数中有浮点数，结果为浮点数形式的整数。

② "/" 的结果是浮点数。

③ 对于复数, "%" 和 "//" 运算无效。

④ 对于浮点数, "%" 运算的结果是 "a // b" 的浮点数余数, 即 "a – (a // b) * b"。

⑤ 算术运算符的优先级是先幂运算, 然后是乘、除、取余、求整商, 最后是加、减。

```
>>> 13//3              # 整数进行 "//" 运算的结果为整数
4
>>> 8.9//3             # 浮点数进行 "//" 运算的结果为浮点数形式的整数
2.0
>>> 10 / 5             # "/" 运算结果为浮点数
2.0
>>> 10.5 % 2           # 浮点数求余
0.5
>>> (3+4j) % 2         # 复数不能进行 "%" 运算
Traceback (most recent call last):
  File "<pyshell#30>", line 1, in <module>
    (3+4j) % 2
TypeError: can't mod complex numbers.
```

2. 关系运算符

关系运算符通常用于描述两个数据之间的大小关系, 如表 2-5 所示。关系运算符的运算结果是逻辑值, 即布尔型数据 True 或 False。

微课 2-4：关系运算符与表达式

表 2-5　关系运算符

运算符	含义	示例
<	小于	3 < 5 的结果为 True
<=	小于或等于	4 <= 3 的结果为 False
>	大于	4 > 5 的结果为 False
>=	大于或等于	4 >= 5 的结果为 False
==	等于	4 == 5 的结果为 False
!=	不等于	4 != 5 的结果为 True

说明如下。

① 通常情况下, 关系运算符用于比较同一类型的操作数, 且操作数之间能比较大小, 这样比较才有效。

② 复数无法进行比较。

③ Python 中允许关系运算符的连用, 如 "2 < 10 < 17" 相当于 "2 < 10 并且 10 < 17"。

④ 关系运算符的优先级都是一样的。

```
>>> 5.8 > 8
False
```

```
>>> 4 < 5 < 8          # 等价于 4<5 并且 5<8
True
>>> 3 > 2 < 4          # 等价于 3>2 并且 2<4
True
>>> 1 == 1 > 0         # 等价于 1==1 并且 1>0
True
>>> 3+4j > 3+3j        # 复数无法比较大小
Traceback (most recent call last):
  File "<pyshell#36>", line 1, in <module>
    3+4j > 3+3j
TypeError: '>' not supported between instances of 'complex' and 'complex'
>>> "hello" > 4        # 字符串和数字不能比较
Traceback (most recent call last):
  File "<pyshell#24>", line 1, in <module>
    "hello" > 4
TypeError: '>' not supported between instances of 'str' and 'int'
```

微课 2-5：逻辑运算符与表达式

3. 逻辑运算符

逻辑运算符只有 3 个，如表 2-6 所示，按优先级从高到低分别是 not、and 和 or。

表 2-6 逻辑运算符

运算符	逻辑表达式	含义	示例
not	not x	逻辑非：如果 x 为 True（或等价于 True），返回 False；如果 x 为 False（或等价于 False），返回 True	not True 的结果为 False
and	x and y	逻辑与：如果 x 为 False（或等价于 False），返回 x 的值，否则返回 y 的值	True and False 的结果为 False
or	x or y	逻辑或：如果 x 为 True（或等价于 True），返回 x 的值，否则返回 y 的值	True or False 的结果为 True

说明如下。

① 一般来说，逻辑运算符两边的操作数应是布尔型数据，但由于布尔型数据 True 和 False 分别映射到整型数据的 1 和 0，可以将整数的非 0 值理解为 True，而将整数 0 理解为 Fasle，因此逻辑运算符两边的操作数可以是非布尔型数据。

② 当逻辑运算符两边的操作数不是布尔型数据 True 和 False 时，运算符 and 和 or 的结果也不一定是 True 或 False，但运算符 not 的结果一定是 True 或 False。

③ 逻辑运算符 and 和 or 具有短路求值的特性，对于"表达式 1 and 表达式 2"运算，如果表达式 1 的值为 False 或相当于 False，则直接返回表达式 1 的值，表达式 2 不会被计算；对于"表达式 1 or 表达式 2"运算，如果表达式 1 的值为 True 或相当于 True，则直接返回表达式 1 的值，表达式 2 不会被计算。

```
>>> 8 and 5        # 表达式 1 的值相当于 True，返回表达式 2 的值
```

```
5
>>> 0 and 6          # 表达式 1 的值相当于 False，返回表达式 1 的值
0
>>> 4 or 3           # 表达式 1 的值相当于 True，返回表达式 1 的值
4
>>> 0 or 4+5         # 表达式 1 的值相当于 False，返回表达式 2 的值
9
>>> not 4
False
>>> not 0
True
```

4．字符串运算符

Python 中的字符串运算符如表 2-7 所示。

表 2-7　字符串运算符

运算符	含义	示例
+	字符串连接	"hello" + "Python"的结果为'helloPython'
*	字符串重复	"hello" * 3 的结果为'hellohellohello'

5．位运算符

位运算符只能用于整数，其内部执行过程是：首先将整数转换为二进制数，然后按位进行运算，最后把计算结果转换为十进制数返回。

位运算符如表 2-8 所示。令变量 a 为 60（0011 1100），b 为 13（0000 1101）。

微课 2-6：位运算符与表达式

表 2-8　位运算符

运算符	含义	示例
&	按位与运算符：参与运算的两个值,如果两个相应位都为 1，则该位的结果为 1，否则为 0	(a & b) 输出结果 12, 二进制解释：0000 1100
|	按位或运算符：只要对应的两个二进位有一个为 1 时，结果就为 1	(a | b) 输出结果 61, 二进制解释：0011 1101
^	按位异或运算符：当两个对应的二进位相异时，结果为 1	(a ^ b) 输出结果 49, 二进制解释：0011 0001
~	按位取反运算符：对数据的每个二进制位取反，即把 1 变为 0，把 0 变为 1	(~a) 输出结果-61，二进制解释：1100 0011
<<	左移运算符：运算数的各二进位全部左移若干位，由 "<<" 右边的数指定移动的位数，高位丢弃，低位补 0	a << 2 输出结果 240，二进制解释：1111 0000
>>	右移运算符：把 ">>" 左边的运算数的各二进位全部右移若干位，">>" 右边的数指定移动的位数	a >> 2 输出结果 15，二进制解释：0000 1111

6. 赋值运算符

Python 中的赋值运算符如表 2-9 所示。

表 2-9　赋值运算符

运算符	含义	示例
=	简单赋值运算符	a = 8
+=	加法赋值运算符	a += 2 等效于 a = a + 2
-=	减法赋值运算符	a -= 2 等效于 a = a - 2
*=	乘法赋值运算符	a *= 2 等效于 a = a * 2
/=	除法赋值运算符	a /= 2 等效于 a = a / 2
%=	取模赋值运算符	a %= 2 等效于 a = a % 2
**=	幂赋值运算符	a **= 2 等效于 a = a ** 2
//=	取整除赋值运算符	a //= 2 等效于 a = a // 2

说明　Python 中的赋值运算符分为简单赋值运算符和复合赋值运算符。

（1）简单赋值运算符

"="是简单赋值运算符，其作用是给变量赋值。

（2）复合赋值运算符

在简单赋值运算符"="前加上其他运算符（不仅仅只是表中列出的算术运算符，还可以是位运算符），就可构成复合赋值运算符，如"+=""-=""*=""<<=""&="等。

a += 3 等价于 a = a + 3，采用复合赋值运算符可使程序更加简洁。

7. 身份运算符

身份运算符如表 2-10 所示，主要用于比较两个对象的存储单元是否相同。

表 2-10　身份运算符

运算符	含义	示例
is	判断两个标识符是不是引用自同一个对象，如果是引用自同一个对象，返回值为 True，否则为 False	a is b, 如果 id(a)等于 id(b)，返回 True
is not	判断两个标识符是不是引用自不同对象，如果是引用自不同对象，返回值为 True，否则为 False	a is not b, 如果 id(a)不等于 id(b)，返回 True

Python 采用的是基于值的内存管理方式。当给一个变量赋值时，系统并不是把变量值直接存储在变量中，而是首先在内存中寻找一块合适的区域把变量值存于其中，然后把这个内存地址赋值给变量。因此在 Python 中变量存储的并不是直接的变量值，而是变量值的地址。如果为不同变量赋值为相同值，则这个值在内存中只有一份，多个变量指向同一块内存地址。例如，对赋值语句"a = 3, b = 3"来说，其存储形式如图 2-1 所示。

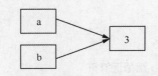

图2-1 "a=3，b=3"的存储形式

微课 2-7：身份
与成员运算符

Python 的内置函数 id()可用来返回变量所指值的内存地址，因此可用于查看两个变量是否指向同一个存储地址。

```
>>> a = 3
>>> id(a)
1980090096
>>> b = 3
>>> id(b)
1980090096
```

通过上述代码可以看出，变量 a 和变量 b 的 id()值相同，因此指向同一个存储地址。

身份运算符 is 就相当于判断两个变量的 id()值是否相同，如果相同，返回值为 True，否则为 False。

身份运算符 is not 就相当于判断两个变量的 id()值是否不相同，如果不相同，返回值为 True，否则为 False。

```
>>> a = 3
>>> b = 3
>>> id(a)
1980090096
>>> id(b)
1980090096
>>> a is b        # a 和 b 都指向同一个存储地址
True
>>> a = 4         # a 指向的地址发生了改变
>>> id(a)
1980090128
>>> a is b        # a 和 b 不再指向同一个存储地址
False
>>> a is not b
True
```

8. 成员运算符

成员运算符主要用于测试一个数据是否是一个序列中的数据成员，如表 2-11 所示。

表 2-11　成员运算符

运算符	含义	示例
in	判断一个数据是否是一个序列中的数据成员，如果是，返回值为 True，否则返回值为 False	"h" in "hello" 结果为 True
not in	判断一个数据是否不是一个序列中的数据成员，如果不是，返回值为 True，否则返回值为 False	"H" not in "hello" 结果为 True

9．运算符优先级

Python 支持一个表达式中可使用多个不同的运算符来完成相对复杂的功能，当一个表达式中同时出现多个运算符时，运算符优先级（由高到低）如表 2-12 所示。

表 2-12　运算符优先级（由高到低）

运算符	描述
+a、-a、~a	一元运算符（正、负、取反）
**	乘方（从右至左运算）
*、/、//、%	乘、除、整除、取余
+、-	加、减
<<、>>	左移、右移
&	按位与
^	按位异或
|	按位或
<、<=、>、>=、==、!=	关系运算符
is、is not	身份运算符
in、not in	成员运算符
not	逻辑非
and	逻辑与
or	逻辑或

默认情况下，运算符优先级决定了表达式中哪一个运算符先执行，但通过使用括号"（ ）"可改变运算符的优先级顺序。建议在书写复杂表达式时尽量使用括号来明确说明其中的逻辑，以提高代码的可读性。

2.2.5　类型判断和类型转换

1．类型判断

Python 提供了相应的函数用于查看数据的数据类型。

（1）type()函数

格式：`type(对象)`

功能：返回对象的数据类型。

```
>>> type(3)                          # 查看整数 3 的数据类型
```

```
<class 'int'>
>>> type("3")                      # 查看字符串"3"的数据类型
<class 'str'>
>>> type(True)                     # 查看布尔数据 True 的数据类型
<class 'bool'>
>>> type(3.4)                      # 查看浮点数 3.4 的数据类型
<class 'float'>
>>> type(b'h')                     # 查看字节串 b'h'的数据类型
<class 'bytes'>
>>> type(3+4j)                     # 查看复数 3+4j 的数据类型
<class 'complex'>
>>> type(None)                     # 查看空值 None 的数据类型
<class 'NoneType'>
```

（2）isinstance()函数

格式：`isinstance(对象,类型)`

功能：用于判断一个对象是否是指定数据类型的一个实例，如果是，返回 True，否则返回 False。

```
>>> isinstance(3,int)              # 判断 3 是否是整型的一个实例
True
>>> isinstance("3",int)            # 判断"3"是否是整型的一个实例
False
>>> isinstance("3",str)            # 判断"3"是否是字符型的一个实例
True
```

2. 类型转换

原则上应该是同种类型的数据参加相应的运算，但实际上有些不同类型的数据也可以参加运算。当不同类型数据参加运算时，会发生数据类型的转换，例如计算表达式"3 + 4.5"时，Python 解释器会把整数 3 转换成浮点数再运算，最终结果为浮点型数据。这种由系统自动完成的类型转换称为隐式类型转换，也称自动类型转换。当自动类型转换不能满足要求时，如对上述表达式"3 + 4.5"，希望最终结果是整数，这时就可采用强制类型转换。Python 中内置了一系列可用于实现强制类型转换的函数，常用类型转换函数如表 2-13 所示。

表 2-13　常用类型转换函数

函数	功能
int( )	将浮点型、布尔型和符合数值规范的字符串转换为整数
float( )	将整型和符合数值规范的字符串转换为浮点数
complex( )	将其他数值类型或符合数值类型规范的字符串转换为复数
str()	将数值类型数据转换为字符串
ord()	返回单个字符的 Unicode 编码
chr()	返回指定 Unicode 编码对应的字符

```
>>> int(3.6)              # 将浮点数转换为整数
3
>>> int(True)             # 将布尔型数据转换为整数
1
>>> int("34")             # 将字符串转换为整数
34
>>> float(3)              # 将整数转换为浮点数
3.0
>>> float(True)           # 将布尔型数据转换为浮点数
1.0
>>> complex(3)            # 将整数转换为复数，只给出一个参数时此参数为实部，虚部默认为 0
(3+0j)
>>> complex(3,5)          # 将整数转换为复数，两个参数分别表示实部、虚部
(3+5j)
>>> complex("3+4j")       # 将字符串转换为复数
(3+4j)
>>> str(3)                # 将整数转换为字符串
'3'
>>> str(3.9)              # 将浮点数转换为字符串
'3.9'
>>> str(True)             # 将布尔型数据转换为字符串
'True'
>>> str(3+4j)             # 将复数转换为字符串
'(3+4j)'
>>> ord('a')
97
>>> chr(97)
'a'
```

提示 int()函数还可以将其他进制表示的字符串数据转换成十进制，其使用格式是 int(x[,base])。
x 表示要转换的字符串数据，base 表示这个字符串数据是几进制，默认为十进制。

```
>>> int('11',2)          # 将二进制'11'转换为十进制
3
>>> int('11',8)          # 将八进制'11'转换为十进制
9
>>> int('11',16)         # 将十六进制'11'转换为十进制
17
```

```
>>> int('11')          # 将十进制'11'转换为十进制
11
```

2.3 任务实施

本任务是统计某个学生课程的总分和平均分。已知学生王芳语文、数学、英语的成绩分别是80、90、88，求其成绩总分和平均分。代码如下。

```
name = '王芳'
chinese = 80                        # 语文成绩
math = 90                           # 数学成绩
english = 88                        # 英语成绩
total = chinese + math + english    # 求总分
avg = total/3                       # 求平均分
print('成绩统计结果: ')
print('姓名: ',name)
print('语文: ',chinese)
print('数学: ',math)
print('英语: ',english)
print('总分: ',total)
print('平均分: ',avg)
```

【运行结果】

成绩统计结果:

姓名: 王芳

语文: 80

数学: 90

英语: 88

总分: 258

平均分: 86.0

2.4 任务小结

通过本任务的学习，我们了解了 Python 中的数据类型，掌握了常量、变量及各种运算符和表达式的使用方法。万丈高楼平地起，要想真正掌握 Python，需要筑牢基础，重视基础知识的学习。熟能生巧，平时要多思、多练，将所学知识融会贯通。

2.5 练习题

一、填空题

1. 在 Python 中_____表示空值。

2. 查看变量类型的 Python 内置函数是_____。

3. 查看变量内存地址的 Python 内置函数是_____。

4. Python 中以 3 为实部 4 为虚部的复数的表示形式为_____或 3+4J。

5. Python 运算符中用来计算整商的是_____。

6. 已知 x = 3，那么执行语句 x += 6 之后，x 的值为_____。

7. 已知 x = 3，并且 id(x) 的返回值为 496103280，那么执行语句 x += 6 之后，表达式 id(x) == 496103280 的值为_____。

8. 表达式 print(0b10101) 的值为_____。

9. 表达式 1234%1000//100 的值为_____。

10. 已知 x = 3+4j 和 y = 5+6j，那么表达式 x+y 的值为_____。

二、判断题

1. 3+4j 不是合法的 Python 表达式。　　　　　　　　　　　　　（　　）

2. 在 Python 中，0oa1 是合法的八进制数字表示形式。　　　　　（　　）

3. 在 Python 中，0xad 是合法的十六进制数字表示形式。　　　　（　　）

4. 已知 x = 3，那么赋值语句 x = 'abcedfg' 是无法正常执行的。　（　　）

5. Python 变量使用前必须先声明，并且一旦声明就不能在当前作用域内改变其类型。

（　　）

6. 已知 x = 3，那么执行语句 x += 6 之后，x 的内存地址不变。　（　　）

三、上机练习题

1. 求一个 3 位数的各位数字之和。例：253 的各位数字之和为 2 + 5 + 3 = 10。

2. 已知 x = 3，y = 4，求表达式 (3x + 2y)/(4x − y) 的值。

3. 已知矩形的长和宽，求矩形的周长和面积。

4. 已知半径，求圆的周长和面积，要求结果保留 2 位小数。

2.6 拓展实践项目——统计单个商品销售数据

商品销量统计模块需要完成商品销量的统计处理：统计商品各季度的最高销量、最低销量、平均销量等。已知商品书桌前 3 个季度的销量分别为 380、397、290，请求出书桌前 3 个季度的销量总和与平均销量。

任务3
系统界面设计与实现

03

学习目标

- 了解结构化程序设计的基本思想。
- 理解 3 种控制结构的作用及适用场景。
- 掌握 3 种控制结构的使用方法。

能力目标（含素养要点）

- 能够熟练使用输入输出实现人机交互（耐心细致）。
- 能够熟练使用不同形式的选择结构（严谨踏实）。
- 能够熟练使用各种循环结构（精益求精）。
- 能够综合使用 3 种控制结构编写程序，以解决相应的问题（知行合一）。

3.1 任务描述

学生信息管理系统需要提供相应的操作界面来让用户选择执行相应的功能。本任务主要完成学生信息管理系统界面的设计与实现。完成本任务需要了解和掌握 Python 中 3 种基本控制结构的使用方法。

3.2 技术准备

在面向过程的结构化程序设计中，程序有 3 种基本结构：顺序结构、选择结构和循环结构。利用这 3 种基本结构可以组合成几乎所有的复杂程序。

3.2.1 顺序结构

顺序结构是程序执行流程的默认结构，也是程序的基本结构。在顺序结构中，程序按照语句出现的先后次序依次执行，其执行流程如图 3-1 所示。

顺序结构中常用的语句主要有赋值语句和输入、输出语句等。

1. 赋值语句

Python 中利用赋值语句给变量赋值时可以有以下几种不同格式。

（1）一次给一个变量赋值

格式：<变量> = <表达式>

功能：将表达式的值赋给指定变量。

这是赋值语句的基本格式，也是最常用的格式。此种格式支持复合赋值运算符。

图 3-1　顺序结构执行流程

```
>>> a = 3 + 5      # 简单赋值语句
>>> a
8
>>> a += 5          # 复合赋值语句
>>> a
13
```

微课 3-1：赋值语句

（2）一次给多个变量赋不同值

格式：<变量 1>,<变量 2>,…,<变量 n> = <表达式 1>,<表达式 2>,…,<表达式 n>

功能：将表达式 1、表达式 2、……、表达式 n 的值分别赋给变量 1、变量 2、……、变量 n。

```
>>> x, y = 1, 2    # 一次给多个变量赋不同值
>>> x
1
>>> y
2
```

（3）一次给多个变量赋相同值

格式：<变量 1>=<变量 2>=…=<变量 n> = <表达式>

功能：将表达式的值分别赋给变量 1、变量 2、……、变量 n。

```
>>> x = y = 10          # 一次给多个变量赋相同值
>>> x
10
>>> y
10
```

2. 输入语句

Python 中通过内置函数 input()实现数据的输入。

格式：input([提示信息])

微课 3-2：输入

功能：用来接收用户输入的信息，以"Enter"键结束输入，函数的返回值类型是字符串。可选项[提示信息]为字符串数据,用于对用户输入进行简短的提示。

```
>>> x = input(' enter a number: ')
enter a number:5          # 从键盘上输入 5
>>> x
'5'
```

```
>>> type(x)                        # 返回值类型是字符串
<class 'str'>
```

> **提示** 在使用 input()函数时，不论输入的是何内容，都作为字符串返回。如果需要其他类型的数据，可通过类型的转换函数来转换。

```
>>> x = int(input(' enter a number: '))     # 将输入数据转换成整数
enter a number:5
>>> x
5
>>> type(x)                                   # 此时 x 是整数
<class 'int'>
>>> x = float(input(' enter a number: '))    # 将输入数据转换成浮点数
entr a number:5
>>> x
5.0
>>> type(x)                                   # 此时 x 是浮点数
<class 'float'>
```

3. 输出语句

Python 中用内置函数 print( )进行输出。

格式: print([输出列表] [,sep=' '][,end='\n'])

功能: 输出指定的内容。

说明如下。

① 参数输出列表为要输出的内容，多个输出项之间用逗号分隔。

② 参数 sep 用于指定输出内容之间的分隔符，如果没有指定，默认为空格。

③ 参数 end 用于指定结束标志符，默认为换行符 "\n"。

④ 交互模式下也可直接输入表达式，然后按 "Enter" 键就可输出相应的内容。

微课 3-3：输出

```
>>> print(' welcome to learn Python! ')     # 输出一个字符串
welcome to learn Python!
>>> print(3)                                  # 输出一个数值常量
3
>>> print(3 + 4)                              # 输出一个表达式
7
>>> print(1,2,3)                              # 输出多个数据，默认以空格分隔
1 2 3
>>> print(1,2,3,sep=',')                      # 输出多个数据，指定分隔符为逗号
1,2,3
>>> 3 + 4                                      # 交互模式下也可直接通过表达式输出
7
```

4．格式化输出

Python 支持格式化输出，有两种不同方式来实现格式化输出。

（1）格式符%

通过格式符%来实现字符串格式化输出，如图 3-2 所示。

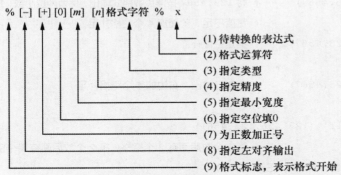

图 3-2　字符串格式化输出

微课 3-4：格式
化输出

常用的格式字符如表 3-1 所示。

表 3-1　常用的格式字符

格式字符	说明
%s	字符串（采用函数 str()的结果）
%r	字符串（采用函数 repr()的结果）
%c	单个字符
%d、%i	十进制整数
%o	八进制整数
%x	十六进制整数
%e	科学记数法（用 e 表示）
%E	科学记数法（用 E 表示）
%f、%F	浮点数
%g	科学记数法(e)或浮点数（根据显示长度决定采用科学记数法还是浮点数形式输出）
%G	科学记数法(E)或浮点数（根据显示长度决定采用科学记数法还是浮点数形式输出）
%%	一个字符"%"

```
>>> print('%s'%65)              #将 65 按字符串格式输出
65
>>> print('%c'%65)              #将 65 按字符格式输出
A
>>> print('%d'%234.45)          #将 234.45 按整数格式输出
234
```

```
>>> print('%f'%123.4567)              # 将 123.4567 按浮点数格式输出
123.456700
>>> print('%.2f'%123.4567)            # 将 123.4567 按浮点数格式输出，保留两位小数
123.46
>>> print('%10.2f'%123.4567)          # 将 123.4567 按浮点数格式输出，保留两位小数，指定最小宽度
    123.46                            # 宽度不足，前面加 4 个空格补足
>>> print('%010.2f'%123.4567)         # 指定空位补 0
0000123.46
>>> print('%-10.2f'%123.4567)         # 左对齐输出，右边加 4 个空格补足
123.46
>>> print('%-8.2f%-8.1f'%(123.456,123.456))
123.46   123.5                        # 第 1 个数后面有 2 个空格，第 2 个数后面有 3 个空格
>>> print('名字: %s, 年龄: %d'%('王芳',23))
名字: 王芳, 年龄: 23
```

（2）format()函数

除了可用格式符"%"进行格式化输出外，Python 还提供了 format()函数进行格式化输出。

格式：字符串.format(输出表列)

功能：该函数把字符串当成一个模板，通过传入的参数进行格式化，并且使用花括号"{}"作为特殊字符代替"%"。{}中的内容用于指向传入对象在 format() 中的位置（可以是数字表示的位置，也可以是关键字参数）。

```
>>> print('hello {}'.format('world'))         # 等价于 print("hello %s" % "world")
hello world
>>> print('名字:{},年龄:{} '.format('王芳',23)) # 没有指定位置时，按默认顺序输出
名字:王芳,年龄:23
>>> print('名字:{1},年龄:{0}'.format(23, '王芳'))           # 设置指定位置
名字:王芳,年龄:23
>>> print('名字:{name},年龄:{age}'.format(age=23,name='王芳'))  # 设置关键字参数
名字:王芳,年龄:23
```

可通过指定位置或设置关键字参数的方式来确定输出格式与输出表列之间的对应关系。默认顺序是一一对应的。

利用 format()函数进行格式化输出时，也可以使用格式符来指定输出宽度、对齐方式、补零、小数点精度等。

```
>>> print('{:.2f}'.format(123.4567))      # 保留两位小数输出
123.46
>>> print('{1:.2f}'.format(34,87))        # 将指定位置上的数据保留按两位小数输出
87.00
>>> print('{:.2%}'.format(0.34))          # 按百分比格式输出
34.00%
```

format()中可用的格式符如表 3-2 所示。

表 3-2　format()中可用的格式符

数字	格式符	输出	描述
3.1415926	{:.2f}	3.14	保留小数点后两位
3.1415926	{:+.2f}	+3.14	带符号保留小数点后两位
-1	{:+.2f}	-1.00	带符号保留小数点后两位
2.71828	{:.0f}	3	不带小数部分（四舍五入）
5	{:0>2d}	05	数字补零（填充左边，宽度为 2）
5	{:s<4d}	5sss	数字补 s（填充右边，宽度为 4）
10	{:s<4d}	10ss	数字补 s（填充右边，宽度为 4）
1000000	{:,}	1,000,000	以逗号分隔的数字格式
0.25	{:.2%}	25.00%	百分比格式
1000000000	{:.2e}	1.00e+09	指数记法
13	{:>10d}	13	右对齐（默认，宽度为 10）
13	{:<10d}	13	左对齐（宽度为 10）
13	{:^10d}	13	居中对齐（宽度为 10）
11	{:+d}	+11	带符号整数输出

表中"^""<"">"分别表示居中对齐、左对齐、右对齐，后面跟宽度。":"号后面带填充的字符，只能是一个字符，不指定则默认用空格填充。

"+"表示在正数前显示正号，在负数前显示负号；空格表示在正数前加空格。

5. 注释

为了提高程序的可读性，可在程序的适当位置加上必要的注释。Python 中注释有两种：行注释和块注释。

行注释：以#开头，可以单独成行，也可以跟在某行代码的后边。

块注释：也称多行注释，用 3 个单引号 ''' 或者 3 个双引号 """ 将多行注释括注起来，通常用于对函数、类等的大段说明。

```
'''
# 这是多行注释
Created on 2020.3.12
@author lilly
@organization www.test.cn
'''
# 这是单行注释
print("welcome to learn python")        # 输出
```

6. 顺序结构示例

【例 3-1】 求任意两个整数的和。

微课 3-5：顺序结构

```
x = int(input('请输入一个整数: '))
y = int(input('请输入一个整数: '))
z = x + y
print('{}+{}={}'.format(x,y,z))
```

【运行结果】

请输入一个整数:3

请输入一个整数:4

3+4=7

【例 3-2】 交换两个变量的值。

```
x = input('请输入 x: ')
y = input('请输入 y: ')
print('交换前 x={},y={}'.format(x,y))
x, y = y, x              #交换两个变量值
print('交换后 x={},y={}'.format(x,y))
```

【运行结果】

请输入 x:5

请输入 y:6

交换前 x=5,y=6

交换后 x=6,y=5

【例 3-3】 输入圆的半径，求圆的周长和面积。

【分析】求圆的周长和面积时需要用到圆周率，Python 标准库 math 提供了相应的符号常量 pi，可直接导入使用。

```
from math import pi as PI

r = float(input('请输入半径: '))
circle = 2 * PI * r
area = PI * r * r
print('半径为: {:.2f}, 周长为: {:.2f}, 面积为: {:.2f}'.format(r,circle,area))
```

【运行结果】

请输入半径:2

半径为: 2.00,周长为:12.57,面积为:12.57

3.2.2 选择结构

选择结构通过判断某些特定条件是否满足要求来决定下一步的执行流程，分为单分支选择结构、双分支选择结构和多分支选择结构。

1. 单分支选择结构

格式：

if 条件：

    语句块

功能：当条件为 True 或等价于 True（如非 0、非空字符串等）时，执行后面的语句块。单分支选择结构执行流程如图 3-3 所示。

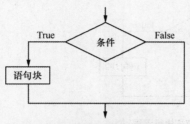

图 3-3　单分支选择结构执行流程

说明如下。

① 条件一般为关系表达式或逻辑表达式，无须加括号，条件后面必须有冒号"："，语句块为若干行语句，它们有相同的缩进。

② 在选择结构和循环结构中，只要条件表达式的值不是 False、0（或 0.0、0j 等）、空值 None、空列表、空元组、空集合、空字典、空字符串、空 range 对象或其他空迭代对象，Python 解释器均认为其与 True 等价。

【例 3-4】　输入两个整数，将其从大到小输出。

```
n1 = int(input('enter a number:'))
n2 = int(input('enter a number:'))
if n1 < n2:
    n1, n2 = n2, n1
print('%d,%d'%(n1,n2))
```

【运行结果】

```
enter a number:3
enter a number:6
6,3
```

2. 双分支选择结构

格式：

if 条件：

    语句块 1

else：

    语句块 2

注意 if 和 else 必须对齐，语句块 1 和语句块 2 必须有相同的缩进。

功能：条件为 True 或等价于 True 时执行语句块 1，条件为 False 或等价于 False 时执行语句块 2。双分支选择结构执行流程如图 3-4 所示。

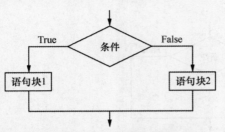

微课 3-7：双分支选择结构

图 3-4　双分支选择结构执行流程

【例 3-5】 输入一个整数，判断该数是奇数还是偶数。

```
n1 = int(input('enter a number: '))
if n1 % 2 == 0:
    print('{}是偶数'.format(n1))
else:
    print('{}是奇数'.format(n1))
```

【运行结果】

```
enter a number:3
3 是奇数
enter a number:6
6 是偶数
```

【例 3-6】 输入一个成绩，判断此成绩是否及格，给出相应的提示信息。

```
score = float(input('enter a score: '))
if score >= 60:
    print('成绩{}及格'.format(score))
else:
    print('成绩{}不及格'.format(score))
```

【运行结果】

```
enter a score:78
成绩 78.0 及格
enter a score:45.6
成绩 45.6 不及格
```

【例 3-7】 模拟用户登录。若用户名为 admin 且密码为 123 则登录成功，否则登录失败。

```
user_name = input('enter username: ')
pw = input('enter password: ')
```

```
if user_name == 'admin' and pw == '123':
    print('登录成功!')
else:
    print('用户名或密码错误')
```

【运行结果】

```
enter username:admin
enter password:123
登录成功!
enter username:admin
enter password:12345
用户名或密码错误
```

说明　Python 还支持如下形式的表达式，实现与双分支选择结构类似的效果。

格式：表达式 1　if 条件 else 表达式 2
功能：当条件为 True 时返回表达式 1 的值，否则返回表达式 2 的值。

```
>>> score = 80
>>> print('及格' if score >= 60 else '不及格')
及格
```

3. 多分支选择结构

格式：

```
if　条件 1：
    语句块 1
elif　条件 2：
    语句块 2
elif 条件 3：
    语句块 3
...
elif 条件 n：
    语句块 n
else：
    语句块 n+1
```

微课 3-8：多分支选择结构

功能：首先判断条件 1 是否为 True，如是，则执行语句块 1，然后结束整个 if 语句；否则判断条件 2 是否为 True，如是，则执行语句块 2，然后结束整个 if 语句；依次类推，如果条件 n 也不成立，则执行语句块 n+1。多分支选择结构执行流程如图 3-5 所示。

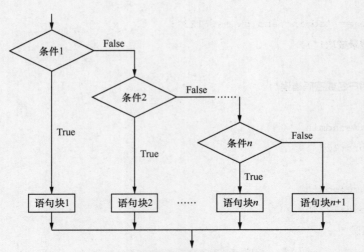

图 3-5　多分支选择结构执行流程

【例 3-8】　输入百分制成绩，输出其相对应的等级。90～100 分为优秀，80～89 分为良好，70～79 分为中等，60～69 分为及格，60 分以下为不及格。

```python
score = int(input('enter a score: '))
if score >100 or score < 0:
    print('输入错误')
elif score >= 90:
    print('优秀')
elif score >= 80:
    print('良好')
elif score >= 70:
    print('中等')
elif score >=60:
    print('及格')
else:
    print('不及格')
```

【运行结果】

```
enter a score:98
优秀
enter a score:88
良好
enter a score:78
中等
enter a score:68
及格
enter a score:58
```

不及格

enter a score:132

输入错误

enter a score:-9

输入错误

4. 选择结构的嵌套

不论是单分支选择结构还是双分支选择结构或是多分支选择结构，其中的语句块中还可以再包含选择结构，这样就构成了选择结构的嵌套。

在使用嵌套选择结构时要注意使用正确的缩进。

【**例 3-9**】 利用选择结构的嵌套实现将百分制成绩转换为等级制。

微课 3-9：选择
结构的嵌套

```python
score = int(input('enter a score: '))
if score >100 or score < 0:
    print('输入错误')
else:
    if score >= 90:
        print('优秀')
    else:
        if score >= 80:
            print('良好')
        else:
            if score >= 70:
                print('中等')
            else:
                if score >=60:
                    print('及格')
                else:
                    print('不及格')
```

3.2.3 循环结构

循环结构是指在满足指定条件下重复执行一段代码。Python 中的循环结构主要有 while 循环和 for 循环。

1. while 循环

格式：

```
while 条件：
    语句块
```

功能：当条件成立时，重复执行语句块（通常称为循环体），直到条件不成立为止。while 循环执行流程如图 3-6 所示。

微课 3-10：while
循环

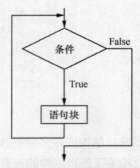

图 3-6 while 循环执行流程

【例 3-10】 在屏幕上输出 5 次 "Welcome to learn Python!"。

```
i = 0
while i < 5:
    print('Welcome to learn Python! ')
    i += 1
```

【运行结果】

```
Welcome to learn Python!
Welcome to learn Python!
Welcome to learn Python!
Welcome to learn Python!
Welcome to learn Python!
```

【例 3-11】 求 1~100 的所有的偶数之和。

```
s = i = 0
while i <= 100:
    s += i
    i += 2
print('1 到 100 的所有偶数之和是: ',s)
```

【运行结果】

1 到 100 的所有偶数之和是: 2550

2. for 循环

在 Python 中, for 循环通常用于遍历序列中的元素（如字符串、元组、列表等）或其他可迭代对象。它按照元素在可迭代对象中的顺序——迭代, 在迭代完所有元素后自动结束循环, 也即对序列中的每个元素都执行一遍循环体。

格式:

```
for 变量 in 可迭代对象:
    循环体
```

功能: 对可迭代对象中的每个元素执行一遍循环体。每次循环时自动把可迭代对象中的当前元素分配给变量并执行循环体, 直到整个可迭代对象中的元素迭代完为止。

微课 3-11: for
循环

【例 3-12】 依次输出一个字符串中的所有字符，各字符之间以逗号分隔。

```
for ch in 'hello':
    print(ch,end = ',')
```

【运行结果】

```
h,e,l,l,o,
```

Python 提供了一个内置函数 range()，用于生成一个等差整数列表，经常用在 for 循环中。
range()函数使用格式：

```
range([start,] stop[, step])
```

功能：返回一个以起始值 start 开始、以终值 stop 结束、步长为 step 的等差数列。如果 start 没有指定，默认从 0 开始；如果 step 没有指定，默认为 1。步长 step 可正可负。

说明 如果要指定参数 step，则必须指定参数 start。函数返回区间是一左闭右开区间，即不包括终值在内，例如：range(1,5)生成的列表是[1,2,3,4]。

【例 3-13】 依次输出自然数 1~10，各数据之间用逗号分隔。

```
for i in range(1,11):
    print(i,end = ',')
```

【运行结果】

```
1,2,3,4,5,6,7,8,9,10,
```

【例 3-14】 求 1~100 的所有奇数之和。

```
s = 0
for i in range(1,101,2):
    s += i
print('1到100所有奇数之和为: ',s)
```

【运行结果】

```
1到100所有奇数之和为:  2500
```

3. 循环的嵌套

一个循环体内又包含另一个完整的循环结构，称为循环的嵌套，也称为多重循环。不同循环结构可以互相嵌套。

【例 3-15】 输出九九乘法表。

```
for i in range(1,10):
    for j in range(1,i+1):
        print ('%d*%d=%-2d '%(i,j,i*j),end='')
    print()
```

微课 3-12：循环
的嵌套

【运行结果】

```
1*1=1
2*1=2  2*2=4
3*1=3  3*2=6  3*3=9
```

```
4*1=4  4*2=8  4*3=12 4*4=16
5*1=5  5*2=10 5*3=15 5*4=20 5*5=25
6*1=6  6*2=12 6*3=18 6*4=24 6*5=30 6*6=36
7*1=7  7*2=14 7*3=21 7*4=28 7*5=35 7*6=42 7*7=49
8*1=8  8*2=16 8*3=24 8*4=32 8*5=40 8*6=48 8*7=56 8*8=64
9*1=9  9*2=18 9*3=27 9*4=36 9*5=45 9*6=54 9*7=63 9*8=72 9*9=81
```

此例也可用 while 循环的嵌套来实现，代码如下。

```python
i = 1
while i <= 9:
    j = 1
    while j <= i:
        print ('%d*%d=%-2d '%(i,j,i*j),end='')
        j += 1
    print()
    i += 1
```

此例还可以用 for 循环嵌套 while 循环，或用 while 循环嵌套 for 循环来实现。

for 循环嵌套 while 循环实现此例的代码如下。

```python
for i in range(1,10):
    j = 1
    while j <= i:
        print ('%d*%d=%-2d '%(i,j,i*j),end='')
        j += 1
    print()
```

while 循环嵌套 for 循环实现此例的代码如下。

```python
i = 1
while i <= 9:
    for j in range(1,i+1):
        print ('%d*%d=%-2d '%(i,j,i*j),end='')
    print()
    i += 1
```

通过以上几种不同实现方式可以看出，同一个题目能用不同循环方式实现时，for 循环程序比 while 循环程序更简洁。因此在使用循环结构时，能用 for 循环实现的优先选择 for 循环结构来实现。

4. 循环跳转语句

通常情况下，循环结构会在执行完所有循环语句后自然结束。有些情况下，可能需要提前结束循环，Python 提供了 break 和 continue 两种不同语句来提前结束循环。两种语句通常都需结合 if 语句判断，当满足某个条件时，提前结束循环。while 循环和 for 循环中都可使用 break 和 continue 语句来提前结束循环。

（1）break 语句

break 语句用于提前结束整个循环。

 说明 break 结束的只是它自身所在的循环，如果有循环嵌套，内层循环的提前结束不影响外层循环。

【例 3-16】 求 300 以内能被 19 整除的最大正整数。

```
for i in range(300,0,-1):
    if i % 19 == 0:
        print('300 以内能被 19 整除的最大正整数是: ',i)
        break
```

【运行结果】

```
300 以内能被 19 整除的最大正整数是: 285
```

微课 3-13：跳转语句

（2）continue 语句

continue 语句用于提前结束本次循环。当执行到 continue 语句时，系统会自动跳过当前循环体中剩下的代码，从头开始下一次循环。

【例 3-17】 输出 1~10 的奇数。

```
for i in range(1,11):
    if i % 2 == 0:
        continue
    print(i,end=' ')
```

【运行结果】

```
1 3 5 7 9
```

 说明 在此只是演示 continue 语句的使用，此程序功能其实不用 continue 也可以实现，代码如下。

```
for i in range(1,11,2):
    print(i,end=' ')
```

 提示 因循环跳转语句会破坏已有的循环结构，实际编程中应尽量避免使用循环跳转语句。

5. else 子句

在 Python 中，不论是 while 循环还是 for 循环，都可以使用 else 子句。此子句不是循环所必需的，可根据需要来选择使用或不使用。使用格式如下。

while 循环中 else 子句的使用格式：

```
while 条件:
    循环体
else:
```

微课 3-14：else 子句

```
        else 子句代码块
```
for 循环中 else 子句的使用格式：
```
for 变量 in 迭代对象：
    循环体
else:
        else 子句代码块
```
功能：else 子句作为循环的子句，在循环语句正常结束后执行。换句话说，因遇到 break 而提前结束的循环不会执行 else 子句中的语句。

【例 3-18】 求 10～20 所有的素数。
```
import math


for i in range(10,20):
    k = math.ceil(math.sqrt(i))
    for j in range(2,k+1):
        if i % j == 0:
            break
    else:
        print(i,end=' ')
```
【运行结果】
```
11 13 17 19
```

6. pass 语句

pass 语句是空语句，它的出现是为了保持程序结构的完整性。pass 不做任何事情，通常用作占位语句。在程序设计时，有时暂时不能确定如何实现，或者要为以后的软件升级预留空间等，此时可以用 pass "占位"。
```
while score >= 60:
    pass        # 待添加语句，暂时什么都不做
```

3.2.4 编码规范

Python 是一门优雅的语言，非常重视代码的可读性，对代码书写有着严格的要求。Python 社区对代码编写有共同的要求、规范和一些常用的代码优化建议，在编写代码时应尽量遵循这些规范和建议，养成良好的编码风格。基本的编码要求和规范如下。

① 严格使用缩进来表示程序代码的逻辑关系，一般以 4 个空格为一个缩进单位。

② 不要在行尾加分号。

③ 一行代码不要超过 80 个字符，尽量不要编写过长的语句，如语句太长，可用圆括号折叠长行或用续行符 "\" 来拆分语句。

④ 空格与空行。运算符两侧建议使用空格分开；不同函数之间建议增加一个空行以增加程序可读性。

⑤ 对关键代码和重要的业务逻辑代码进行必要的注释。

3.3 任务实施

3.3.1 系统业务流程设计

学生信息管理系统启动后，首先进入系统主界面，如图 3-7（a）所示，等待用户输入命令选择相应的功能。如果用户输入 info 命令，则进入学生基本信息管理子功能模块，界面如图 3-7（b）所示；如果用户输入 score 命令，则进入学生成绩管理子功能模块，界面如图 3-7（c）所示。在学生基本信息管理界面，用户可通过输入相应的命令进行学生基本信息的增、删、改、显示等操作。在学生成绩管理界面用户可选择相应的功能进行成绩处理。

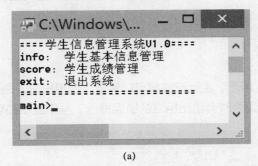

(a)

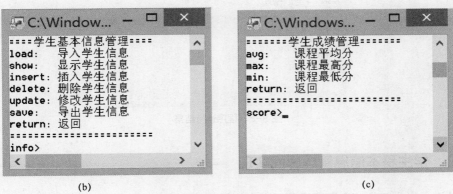

(b)

(c)

图 3-7　系统界面

3.3.2 系统主界面实现

【分析】系统主界面首先会显示系统功能菜单供用户进行选择，用户可在命令提示符"main>"后输入相应的命令来执行相应的功能，能够接收的命令是 info、score 和 exit，其他输入无效。当系统启动后，循环等待用户输入命令，直到用户输入命令 exit 退出为止。因每个子模块的功能尚未实现，故在此可先用输出相应信息的方式来代替，代码如下。

```
print("====学生信息管理系统 V1.0====")
```

```python
print("info:  学生基本信息管理")
print("score: 学生成绩管理")
print("exit:  退出系统")
print("===========================")
while True:
    s = input("main>")
    if s == "info":
        print("学生基本信息管理功能……")
    elif s == "score":
        print("学生成绩管理功能……")
    elif s == "exit":
        break
    else:
        print("输入错误")
```

【运行结果】

程序运行结果如图 3-8 所示。由运行结果可以看出，当用户输入命令 info、score 时能够输出相应的信息，输入其他无效命令时会给出相应的错误提示。程序逻辑和功能满足预期需求。

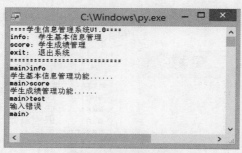

图 3-8　程序运行结果

3.3.3　学生基本信息管理界面实现

【分析】进入学生基本信息管理界面后也会先显示系统功能菜单供用户进行选择，用户可在命令提示符 "info>" 后输入相应的命令来执行相应的功能，能够接收的命令是 load、show、insert、delete、update、save 和 return，其他输入无效。当系统启动后，循环等待用户输入命令，直到用户输入命令 return 为止。因每个具体的功能尚未实现，故在此可先用输出相应信息的方式来代替，代码如下。

```python
print("====学生基本信息管理====")
print("load:   导入学生信息")
print("show:   显示学生信息")
print("insert: 插入学生信息")
```

```
print("delete:    删除学生信息")
print("update:    修改学生信息")
print("save:      导出学生信息")
print("return:    返回")
print("========================")
while True:
    s = input("info>")
    if s == "load":
        print("导入学生信息功能......")
    elif s == "show":
        print("显示学生信息功能......")
    elif s == "insert":
        print("插入学生信息功能......")
    elif s == "delete":
        print("删除学生信息功能......")
    elif s == "update":
        print("修改学生信息功能......")
    elif s == "save":
        print("导出学生信息功能......")
    elif s =="return":
        break
    else:
        print("输入错误")
```

【运行结果】

程序运行结果如图 3-9 所示。由运行结果可以看出，当用户输入命令 load、show、insert、delete、update、save 时能够正确输出相应的提示信息，输入其他无效命令时会给出相应的错误提示。程序逻辑和功能满足预期需求。

图 3-9　学生基本信息管理界面功能

3.3.4　学生成绩管理界面实现

【分析】进入学生成绩管理界面后也会先显示系统功能菜单供用户进行选择，用户可在命令提示符 "score>" 后输入相应的命令来执行相应的功能，能够接收的命令是 avg、max、min 和 return，其他输入无效。当系统启动后，循环等待用户输入命令，直到用户输入命令 return 为止。因每个具体的功能尚未实现，故在此可先用输出相应信息的方式来代替，代码如下。

```
print("=====学生成绩管理=====")
print("avg:    课程平均分")
print("max:    课程最高分")
print("min:    课程最低分")
print("return: 返回")
print("======================")
while True:
    s = input("score>")
    if s == "avg":
        print("求课程平均分......")
    elif s == "max":
        print("求课程最高分......")
    elif s == "min":
        print("求课程最低分......")
    elif s == "return":
        break
    else:
        print("输入错误")
```

【运行结果】

程序运行结果如图 3-10 所示。由运行结果可以看出，当用户输入命令 avg、max、min 时能够正确输出相应的提示信息，输入其他无效命令时会给出相应的错误提示。程序逻辑和功能满足预期需求。

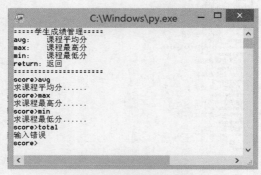

图 3-10　程序运行结果

3.4　任务小结

通过本任务的学习，我们掌握了结构化程序设计的 3 种基本控制结构的使用方法，能够熟练应用 3 种基本控制结构解决实际问题。编制复杂程序时出错是难免的，在程序编写调试过程中一定要耐心、细致，严格测试，保证程序满足用户需求，能正常运行。没有规矩，不成方圆。日常生活中我们要遵章守法，编写程序也是一样，需要遵循程序书写规范，养成良好的编码风格。特别是团队合作开发项目时，良好的编码风格和规范的程序书写可有效减少沟通成本，提高开发效率。

3.5　练习题

一、填空题

1. 表达式 1 < 2 < 3 的值为_____。

2. 表达式 3 or 5 的值为_____。

3. 表达式 0 or 5 的值为_____。

4. 表达式 3 and 5 的值为_____。

5. 表达式 3 and not 5 的值为_____。

二、判断题

1. 对于带有 else 子句的 for 循环和 while 循环，当循环因循环条件不成立而自然结束时才执行 else 中的代码。　　　　　　　　　　　　　　　　　　　　（　　　）

2. 在 Python 3.x 中可以使用中文作为变量名。　　　　　　　　　　　　（　　　）

3. 在 Python 中可以使用 if 作为变量名。　　　　　　　　　　　　　　（　　　）

4. while 循环的循环体至少执行一次。　　　　　　　　　　　　　　　　（　　　）

5. 如果仅仅是用于控制循环次数，那么使用 for i in range(20) 和 for i in range(20, 40) 的作用是等价的。　　　　　　　　　　　　　　　　　　　　　　　　　　（　　　）

三、选择题

1. 下列循环的执行次数是_____。

```
i = 0
while i < 5:
    print(i)
```

A. 5　　　　　　　B. 4　　　　　　　C. 1　　　　　　　D. 死循环

2. 下列程序段的输出结果是_____。

```
for i in range(10,0,-2):
    print(i,end=" ")
```

A. 10 8 6 4 2　　B. 10 8 6 4 2 0　　C. 2 4 6 8 10　　D. 0 2 4 6 8 10

3. 下列程序段的输出结果是_____。

```
mysum = 0
for i in range(10):
```

```
    if i % 2 :
            continue
        mysum += i
    print(mysum)
```

A. 55 　　　　　　 B. 45 　　　　　　 C. 20 　　　　　　 D. 25

4. 表达式 not 3 的值为_____。

A. True 　　　　　　 B. False 　　　　　　 C. 1 　　　　　　 D. 0

5. 下列循环的执行次数是_____。

```
for ch in "good":
    print(ch)
```

A. 0 　　　　　　 B. 1 　　　　　　 C. 3 　　　　　　 D. 4

四、上机练习题

1. 输入半径，求球体的体积和表面积，要求结果保留 2 位小数。

2. 利用 print 在屏幕上输出如下内容（各字段间以 Tab 制表符分隔）：

学号　姓名　性别　成绩

1001　张明　男　　90

1002　刘格　女　　88

3. 输入三角形 3 条边的边长，判断能否构成三角形。

4. 求任意一个整数的各位上的数字之和。

5. 求 1~100 所有 3 的倍数之和。

6. 求 $1! + 2! + 3! + \cdots + n!$。

7. 输入一个三位数，判断其是否是水仙花数。所谓水仙花数是一个三位数，其每位上的数字的立方和等于其本身，如 153=1**3+5**3+3**3，故 153 是水仙花数。

8. 求所有的水仙花数。

9. 判断一个数是否是素数。

10. 求 100~200 所有的素数。

3.6　拓展实践项目——设计商品信息管理系统界面

商品信息管理系统需要提供相应的操作界面来让用户选择执行相应的功能。请根据系统功能设计相应的业务流程，完成商品信息管理系统界面的设计。

任务4
批量学生成绩处理

04

学习目标

- 了解常用的序列类型。
- 理解不同序列的特点及作用。
- 掌握列表、元组、字典、集合、字符串等序列的基本操作和使用方法。

能力目标（含素养要点）

- 能够熟练操作列表、元组、字典、集合及字符串（勤思多练　追求极致）。
- 能够熟练使用列表、元组、字典、集合及字符串等各种序列来解决实际问题（知行合一）。

4.1　任务描述

本任务主要完成对所有学生的成绩进行处理，要求统计每门课程的最高分、最低分、平均分，对学生总成绩进行排名等。要完成本任务需要了解和掌握 Python 中常用序列的使用方法。

4.2　技术准备

在处理一个学生成绩时，我们可定义几个变量分别存储学生的学号、姓名、各门课成绩等。如果一个班有多名学生，每名学生都选修了若干课程，这时该如何来存放和处理这些数据呢？

Python 提供了序列来处理批量数据，常用的序列有列表、元组、字典、集合、字符串等。按数据存放是否有先后位置，可将序列分为有序序列（如列表、元组和字符串）和无序序列（如字典、集合）两种。按元素值是否允许改变，可将序列分为可变序列（如列表、字典、集合）和不可变序列（如元组、字符串）两种。

对于有序序列，可通过其位置（下标）来获取相应的元素。Python 支持双向索引，正向索引时第一个元素下标为 0，第二个元素下标为 1，以此类推；反向索引时最后一个元素下标为-1，倒数第二个元素下标为-2，以此类推。

4.2.1　列表

列表（list）是可变有序序列，用于存储一组数据元素。所有元素放在一对方括号"[　]"中，各元素间使用逗号分隔。列表可以为空，即方括号里面没有任何元素。

列表中的元素可以是任意合法的数据类型，也可以同时包含不同类型的数据。例如，以下都是合法的列表。

```
[10,20,30,40,50,60,70]

['hello',10,3.8,(4,5),True]

[{'name':'王芳','age':23},{2,3,4},[1,2,3]]

[[1,2,3],[4,5,6],[7,8,9]]

[None,[],['a','b','c']]
```

1. 列表的创建与删除

（1）列表的创建

列表的创建有两种常用方式。

方式 1：使用"[ ]"创建。

此种方式也称为直接赋值方式。

```
>>> a_list = [10,20,30,40,50,60,70]

>>> a_list

[10, 20, 30, 40, 50, 60, 70]

>>> a_list = ['hello',10,3.8,(4,5),True]

>>> a_list

['hello', 10, 3.8, (4, 5), True]

>>> a_list = [{'name':'王芳','age':23},{2,3,4},[1,2,3]]

>>> a_list

[{'name': '王芳', 'age': 23}, {2, 3, 4}, [1, 2, 3]]

>>> a_list = [None,[],['a','b','c']]

>>> a_list

[None, [], ['a', 'b', 'c']]

>>> a_list = []                      # 创建一个空列表

>>> a_list

[]

>>> type(a_list)                     # 查看列表类型

<class 'list'>
```

微课 4-1：列表
的创建与删除

方式 2：使用 list()函数创建。

利用 list()函数可将一个数据结构对象（如元组、range 对象、字符串或其他类型可迭代对象等）转换为列表。

```
>>> a_list = list('good')            # 将字符串转换为列表

>>> a_list

['g', 'o', 'o', 'd']

>>> a_list = list((1,2,3))           # 将元组转换为列表

>>> a_list
```

```
[1, 2, 3]
>>> a_list = list(range(1,10,2))          # 将 range 对象转换为列表
>>> a_list
[1, 3, 5, 7, 9]
>>> a_list = list({1,2,3})                # 将集合转换为列表
>>> a_list
[1, 2, 3]
>>> a_list = list()                       # 创建空列表
>>> a_list
[]
```

（2）列表的删除

当一个列表不再使用时，可利用 del 命令将其删除，以释放存储空间。

```
>>> a_list = [1,2,3]
>>> a_list
[1, 2, 3]
>>> del a_list                            # 删除列表
>>> a_list                                # 此时再查看列表，列表已经不存在了，抛出异常
Traceback (most recent call last):
  File "<pyshell#44>", line 1, in <module>
    a_list
NameError: name 'a_list' is not defined
```

2. 列表元素的常用操作

（1）列表元素的获取

方式 1：通过下标来获取某一元素。

格式：列表对象 [下标]

功能：获取指定下标位置的元素。

```
>>> a_list = [10,20,30,40]
>>> a_list[0]                             # 获取第 1 个元素，下标从 0 开始
10
>>> a_list[2]
30
>>> a_list[-1]                            # 获取最后一个元素（列表支持双向索引）
40
>>> a_list[6]                             # 下标越界，抛出异常
Traceback (most recent call last):
  File "<pyshell#20>", line 1, in <module>
    a_list[6]
IndexError: list index out of range
```

微课 4-2：列表
元素的获取

方式 2：利用切片操作来获取多个元素。

格式：列表对象[start:end:step]

功能：提取列表中起始下标从 start 开始、以 step 步长为间隔（步长可正可负）、到结束下标 end 为止(不包含 end)的所有元素。若 start 省略，默认从下标 0 开始；若 end 省略，默认取到最后一个元素；若步长 step 省略，则默认为 1。

```
>>> a_list = [0, 1, 2, 3, 4, 5, 6, 7, 8, 9, 10]
>>> a_list[0:11:2]
[0, 2, 4, 6, 8, 10]
>>> a_list[0:4]                # 获取下标为 0～3 的元素，步长省略，默认为 1
[0, 1, 2, 3]
>>> a_list[:4]                 # 起始下标省略，默认从 0 开始
[0, 1, 2, 3]
>>> a_list[6:]                 # 结束下标省略，默认取到最后一个元素
[6, 7, 8, 9, 10]
>>> a_list[::2]                # 起始下标、结束下标都省略，步长为 2
[0, 2, 4, 6, 8, 10]
>>> a_list[::]                 # 起始下标、结束下标、步长都省略
[0, 1, 2, 3, 4, 5, 6, 7, 8, 9, 10]
>>> a_list[::-1]               # 起始、结束下标省略，步长指定为-1
[10, 9, 8, 7, 6, 5, 4, 3, 2, 1, 0]
>>> a_list[-1:-3]              # 步长没有指定，默认为 1，此区间不存在返回空列表
[]
>>> a_list[-1:-3:-1]          # 取倒数第 1～2 的元素，步长为-1
[10, 9]
>>> a_list[-3:-1]             # 取倒数第 3～2 的元素，步长为 1
[8, 9]
```

 提示 使用切片操作时，不会因为下标越界而抛出异常，而是简单地在列表尾部截断或返回一个空列表。

```
>>> a_list = [0, 1, 2, 3, 4, 5, 6, 7, 8, 9, 10]
>>> a_list[5:15]               # 结束下标大于列表长度时，从列表尾部截断
[5, 6, 7, 8, 9, 10]
>>> a_list[11:20]              # 起始下标大于列表长度时，返回空列表
[]
```

（2）列表元素的修改

方式 1：直接通过下标形式修改某一元素。

```
>>> a_list = [0, 1, 2, 3, 4, 5, 6, 7, 8, 9, 10]
```

微课 4-3：列表
元素的修改

```
>>> a_list[0] = 100                    # 修改下标为 0 的元素
>>> a_list
[100, 1, 2, 3, 4, 5, 6, 7, 8, 9, 10]
```

方式 2：通过切片操作修改。

```
>>> a_list = [0, 1, 2, 3, 4, 5, 6, 7, 8, 9, 10]
>>> a_list[0:3] = [99,99,99]           # 使用切片修改前 3 个元素
>>> a_list
[99, 99, 99, 3, 4, 5, 6, 7, 8, 9, 10]
>>> a_list[::5] = [100,100,100]        # 使用切片修改下标为 0、5、10 的元素
>>> a_list
[100, 99, 99, 3, 4, 100, 6, 7, 8, 9, 100]
```

（3）列表元素的添加

Python 中列表元素的添加可通过列表对象本身提供的一些方法来实现，也可通过切片操作来实现。

方法 1：append()方法。

格式：列表对象.append(x)

功能：在列表尾部添加元素 x。x 可以是任意合法的数据对象。

微课 4-4：列表元素的添加

```
>>> a_list = [0, 1, 2, 3, 4, 5]
>>> a_list.append(99)                  # 在列表尾部添加元素 99
>>> a_list
[0, 1, 2, 3, 4, 5, 99]
>>> a_list.append([99])                # 在列表尾部添加元素 [99]
>>> a_list
[0, 1, 2, 3, 4, 5, 99, [99]]
>>> a_list.append(range(5))            # 在列表尾部添加元素 range 对象
>>> a_list
[0, 1, 2, 3, 4, 5, 99, [99], range(0, 5)]
>>> a_list.append([[1,2],[3,4]])       # 在列表尾部添加元素[[1,2],[3,4]]
>>> a_list
[0, 1, 2, 3, 4, 5, 99, [99], range(0, 5), [[1, 2], [3, 4]]]
```

方法 2：insert()方法。

格式：列表对象.insert(index,x)

功能：在列表指定位置 index 处添加元素 x。原来该位置及其以后的元素都自动后移一个位置。如果 index 超出范围，则默认在列表尾部添加。

```
>>> a_list = [0,1,2,3,4,5]
>>> a_list.insert(0,99)
>>> a_list
[99, 0, 1, 2, 3, 4, 5]
```

```
>>> a_list.insert(1,[99,99])
>>> a_list
[99, [99, 99], 0, 1, 2, 3, 4, 5]
>>> a_list.insert(100,99)          # 下标超出范围时在列表尾部添加
>>> a_list
[99, [99, 99], 0, 1, 2, 3, 4, 5, 99]
```

方法 3：extend()方法。

格式：列表对象.extend(迭代对象)

功能：将另一个迭代对象的所有元素添加至列表对象尾部。该方法的参数必须是一个可迭代对象（如列表、元组、字典、集合、字符串、range 对象等）。

```
>>> a_list = [0,1,2,3,4,5]
>>> a_list.extend([99,99])
>>> a_list
[0, 1, 2, 3, 4, 5, 99, 99]
>>> a_list.extend('good')
>>> a_list
[0, 1, 2, 3, 4, 5, 99, 99, 'g', 'o', 'o', 'd']
>>> a_list.extend(range(5))
>>> a_list
[0, 1, 2, 3, 4, 5, 99, 99, 'g', 'o', 'o', 'd', 0, 1, 2, 3, 4]
>>> a_list.extend(99)              # 数字 99 不是可迭代对象
Traceback (most recent call last):
  File "<pyshell#105>", line 1, in <module>
    a_list.extend(99)
TypeError: 'int' object is not iterable
```

方法 4：利用切片操作来添加元素。

利用切片操作可在列表任意位置添加元素。要添加的元素必须是一可迭代对象。当给出的下标超出范围时，默认在列表尾部添加。

```
>>> a_list = [0,1,2,3,4,5]
>>> a_list[6:] = [6,7,8]          # 尾部添加
>>> a_list
[0, 1, 2, 3, 4, 5, 6, 7, 8]
>>> a_list[100:] = [99,99]         # 下标超出范围时在列表尾部添加
>>> a_list
[0, 1, 2, 3, 4, 5, 6, 7, 8, 99, 99]
>>> a_list[0:0] = [99,99]          # 头部添加
>>> a_list
[99, 99, 0, 1, 2, 3, 4, 5, 6, 7, 8, 99, 99]
```

```
>>> a_list[2:2] = [100]          # 指定位置添加
>>> a_list
[99, 99, 100, 0, 1, 2, 3, 4, 5, 6, 7, 8, 99, 99]
>>> a_list[100:] = 999           # 要添加的元素不是可迭代对象，抛出异常
Traceback (most recent call last):
  File "<pyshell#119>", line 1, in <module>
    a_list[100:] = 999
TypeError: can only assign an iterable
```

（4）列表元素的删除

列表元素的删除也可通过多种方法来实现。

方法 1：del 命令。

格式：del 列表对象 [下标]

功能：删除指定位置上的元素，其后面位置上所有的元素自动前移一个位置。如果给定的下标超出了列表的范围，则抛出异常。

```
>>> a_list = [0,1,2,3,4,5]
>>> del a_list[0]
>>> a_list
[1, 2, 3, 4, 5]
>>> del a_list[6]                # 指定下标不存在，抛出异常
Traceback (most recent call last):
  File "<pyshell#125>", line 1, in <module>
    del a_list[6]
IndexError: list assignment index out of range
```

方法 2：pop() 方法。

格式：列表对象 .pop([下标])

功能：删除并返回列表指定位置（如没有指定位置，则默认为最后一个位置）上的元素，如果给定的下标超出列表范围，则抛出异常。

```
>>> a_list = [0,1,2,3,4,5]
>>> a_list.pop()                 # 没有指定下标，默认删除并返回最后一个元素
5
>>> a_list
[0, 1, 2, 3, 4]
>>> a_list.pop(2)
2
>>> a_list
[0, 1, 3, 4]
>>> a_list.pop(9)                # 下标越界，抛出异常
Traceback (most recent call last):
```

微课 4-5：列表
元素的删除

```
     File "<pyshell#131>", line 1, in <module>
        a_list.pop(9)
  IndexError: pop index out of range
```

方法 3: remove()方法。

格式: 列表对象.remove(x)

功能: 删除列表中首次出现的指定元素 x, 如果列表中不存在要删除的元素 x, 则抛出异常。

```
>>> a_list = [1,3,5,7,9,7]
>>> a_list.remove(7)          # 删除指定元素 7
>>> a_list
[1, 3, 5, 9, 7]               # 只能删除第一次出现的元素 7
>>> a_list.remove(99)         # 若删除的元素不存在, 抛出异常
Traceback (most recent call last):
  File "<pyshell#92>", line 1, in <module>
    a_list.remove(99)
ValueError: list.remove(x): x not in list
```

方法 4: clear()方法。

格式: 列表对象.clear()

功能: 删除列表中的所有元素, 也即清空列表。

```
>>> a_list = [0, 1, 2, 3, 4, 5, 6, 7, 8, 9, 10]
>>> a_list.clear()                # 清空列表
>>> a_list
[]
```

方法 5: 利用切片操作删除元素。

```
>>> a_list = [0, 1, 2, 3, 4, 5, 6, 7, 8, 9, 10]
>>> a_list[3:8] = []              # 删除下标为 3~7 的元素。
>>> a_list
[0, 1, 2, 8, 9, 10]
```

3. 列表常用方法

除了前面介绍的列表元素的添加、删除方法之外, Python 还提供了其他大量列表方法来对列表进行操作。

（1）index()方法

格式: 列表对象.index(x)

功能: 返回列表中指定元素 x 首次出现的下标, 若不存在指定元素 x, 则抛出异常。

```
>>> a_list = [1,3,5,7,9,7]
>>> a_list.index(7)           # 返回指定元素 7 首次出现的下标
3
>>> a_list.index(99)          # 指定元素 99 不存在, 抛出异常
```

微课 4-6: 列表
常用方法

```
Traceback (most recent call last):
  File "<pyshell#109>", line 1, in <module>
    a_list.index(99)
ValueError: 99 is not in list
```

（2）count()方法

格式：列表对象.count(x)

功能：统计指定元素 x 在列表中出现的次数。

```
>>> a_list = [1,3,5,7,9,7]
>>> a_list.count(7)              # 统计元素 7 出现的次数
2
>>> a_list.count(99)             # 若元素不存在，返回 0
0
```

（3）sort()方法

格式：列表对象.sort([reverse = True])

功能：对列表进行原地排序（排序后会改变原列表中元素的次序），默认为升序排列，加上可选参数 reverse = True 后则为降序排列。

```
>>> a_list = [3,2,1,5,4]
>>> a_list.sort()                # 升序排列
>>> a_list
[1, 2, 3, 4, 5]
>>> a_list.sort(reverse = True)  # 降序排列
>>> a_list
[5, 4, 3, 2, 1]
```

（4）reverse()方法

格式：列表对象.reverse()

功能：将列表元素原地逆序或翻转，也即将第一个元素和最后一个元素互换，第二个元素和倒数第二个元素互换，以此类推。

```
>>> a_list = [3,2,1,5,4]
>>> a_list.reverse()
>>> a_list
[4, 5, 1, 2, 3]
```

利用切片操作也可实现将一个列表逆序，但切片操作不会修改原列表，其将逆序后的结果作为一个新列表返回。

```
>>> a_list = [3,2,1,5,4]
>>> a_list[::-1]
[4, 5, 1, 2, 3]
>>> a_list
[3, 2, 1, 5, 4]
```

4. 列表常用函数

除了列表对象自身方法之外，Python 还提供了一些内置函数用于列表操作。

（1）求最大值函数 max()

格式：max(列表对象)

功能：返回列表中所有元素的最大值。

微课 4-7：列表
常用函数

> **说明** 使用此函数时应保证列表中所有元素之间能互相比较大小，否则会抛出异常。

```
>>> a_list= [3,2,1,5,4]
>>> max(a_list)
5
>>> a_list = ['boy','hello','good']
>>> max(a_list)
'hello'
>>> a_list = [3,4,2,True,False]        # 比较时，将 True 当作 1，将 False 当作 0
>>> max(a_list)
4
>>> a_list= [3,2,1,5,4,"dd"]
>>> max(a_list)                        # 类型不相同，无法比较，抛出异常
Traceback (most recent call last):
  File "<pyshell#131>", line 1, in <module>
    max(a_list)
TypeError: '>' not supported between instances of 'str' and 'int'
```

（2）求最小值函数 min()

格式：min(列表对象)

功能：返回列表中所有元素的最小值。

> **说明** 使用此函数时应保证列表中所有元素之间能互相比较大小，否则会抛出异常。

```
>>> a_list= [3,2,1,5,4]
>>> min(a_list)
1
>>> a_list = ['boy','hello','good']
>>> min(a_list)
'boy'
>>> a_list = [3,4,2,True,False]
```

```
>>> min(a_list)
False
```

（3）求和函数 sum()

格式：sum(列表对象)

功能：求列表中所有元素之和。当列表中元素为数值型数据时才可使用此函数，否则抛出异常。

```
>>> a_list = [3,2,1,5,4]
>>> sum(a_list)
15
>>> a_list = [3,4,2,True,False]        # True 和 Fasle 分别被当作 1 和 0
>>> sum(a_list)
10
>>> a_list = ['a','b','c']
>>> sum(a_list)                        # 字符串类型数据无法求和
Traceback (most recent call last):
  File "<pyshell#16>", line 1, in <module>
    sum(a_list)
TypeError: unsupported operand type(s) for +: 'int' and 'str'
>>> a_list = ['1','2','3']
>>> sum(a_list)
Traceback (most recent call last):
  File "<pyshell#18>", line 1, in <module>
    sum(a_list)
TypeError: unsupported operand type(s) for +: 'int' and 'str'
```

（4）求长度函数 len()

格式：len(列表对象)

功能：返回列表中元素的个数。

```
>>> a_list = [1,2,4,[4,5]]
>>> len(a_list)
4
>>> a_list = [[1,2,3,(4,5)]]
>>> len(a_list)
1
```

（5）排序函数 sorted()

格式：sorted(列表对象，[reverse = True])

功能：对列表进行排序，默认为升序排列，加可选参数 reverse = True 后则为降序排列。排序结果作为新列表返回。

```
>>> a_list = [3,2,1,5,4]
>>> sorted(a_list)                     # 升序排列
```

```
[1, 2, 3, 4, 5]
>>> sorted(a_list,reverse = True)        # 降序排列
[5, 4, 3, 2, 1]
```

 **注意** 虽然使用内置函数 sorted()和列表方法 sort()都能对列表进行排序，但两者有些区别：用内置函数 sorted()排序时并不修改原列表中元素的次序，它将排序结果放在一新列表中返回，而列表的 sort()方法是原地排序，也即改变了原列表中元素的次序。

```
>>> a_list = [3,2,1,5,4]
>>> sorted(a_list)                       # 使用内置函数 sorted()排序
[1, 2, 3, 4, 5]
>>> a_list                               # 不会改变原列表中元素的次序
[3, 2, 1, 5, 4]
>>> a_list.sort()                        # 使用列表方法 sort()排序
>>> a_list                               # 改变了原列表中元素的次序
[1, 2, 3, 4, 5]
```

（6）逆序函数 reversed()

格式：reversed(列表对象)

功能：将列表中元素逆序或翻转。返回结果为一个迭代器对象。

说明 此函数不会修改原列表中元素的位置，会将列表逆序后的结果放在一个迭代器对象中，而列表的 reverse()方法是会改变原列表中元素的位置的。

```
>>> a_list = [3, 2, 1, 5, 4]
>>> reversed(a_list)                     # 返回的是一个迭代器对象
<list_reverseiterator object at 0x000000AE6FDCCE48>
>>> a_list                               # 使用 reversed()函数不会改变原列表中元素的位置
[3, 2, 1, 5, 4]
>>> a_list.reverse()
>>> a_list                               # 使用 reverse()方法会改变原列表中元素的位置
[4, 5, 1, 2, 3]
```

要想查看迭代器对象中的内容，可利用 for 循环来遍历其中的内容，也可将其转换为列表。需要注意的是，迭代器对象中的内容只能使用一次，如果要想再次使用需要重新生成。

```
>>> a_list = [3,2,1,5,4]
>>> result = reversed(a_list)
>>> for i in result:
        print(i,end=' ')


4 5 1 2 3
>>> list(result)               # 迭代器对象中的内容只能用一次
```

```
[]
>>> result = reversed(a_list)
>>> list(result)
[4, 5, 1, 2, 3]
```

5. 列表可用运算符

（1）连接运算符：+

功能：用于将两个列表连接成一个新列表。

```
>>> [1,2,3] + [4,5,6]
[1, 2, 3, 4, 5, 6]
```

微课 4-8：列表
可用运算符

（2）重复运算符：*

格式：列表 * 重复次数

功能：将列表元素重复指定次数，返回一个新列表。

```
>>> [1,2,3] * 3
[1, 2, 3, 1, 2, 3, 1, 2, 3]
```

（3）成员运算符：in、not in

功能：用于测试数据是否是列表中的元素。

```
>>> 3 in [2,3,4]
True
>>> 3 in [2,[3],4]
False
>>> [3] in [2,3,4]
False
>>> '3' not in [2,3,4]
True
```

（4）身份运算符：is、is not

功能：用于判断两个列表对象是否指向同一个引用。

```
>>> a_list = [1,2,3]
>>> b_list = a_list
>>> a_list is b_list
True
>>> a_list = [1,2,3]
>>> b_list = [1,2,3]
>>> a_list is b_list
False
```

6. 列表推导式

列表推导式（list comprehension），也称列表生成式，能使用一种非常简洁的方式来快速生成满足特定需求的列表，使得代码具有非常强的可读性。

微课 4-9：列表
推导式

列表推导式语法形式为：

```
[expression for expr1 in sequence1 if condition1
        for expr2 in sequence2 if condition2
        for expr3 in sequence3 if condition3
         ...
        for exprN in sequenceN if conditionN]
```

其最基本的形式是：

```
 [expression for expr1 in sequence1]
```

列表推导式逻辑上等价于一个循环语句，只是形式上更加简洁。

```
>>> a_list = [x * x for x in range(1,6)]    # 生成一个包含 1 到 5 的平方的列表
>>> a_list
[1, 4, 9, 16, 25]
```

上述语句就等价于：

```
>>> a_list = []
>>> for x in range(1,6):
        a_list.append(x*x)
>>> a_list
[1, 4, 9, 16, 25]
```

列表推导式中可以使用 if 子句对列表中的元素进行筛选，只保留符合条件的元素。

```
>>> a_list = [1,3,5,43,89,80,78,90,42,23]
>>> [x for x in a_list if x >= 60]          # 找出所有大于等于 60 的数
[89, 80, 78, 90]
>>> [x for x in a_list if x % 2 == 0]       # 找出所有的偶数
[80, 78, 90, 42]
```

当列表推导式中含有多个 for 循环时，相当于循环的嵌套，第一个 for 为外循环，第二个 for 为内循环，依次类推。例如下面代码可实现将一个嵌套列表平铺，类似于其他语言中的将一个矩阵（或二维数组）转换成向量（或一维数组）。

```
>>> vec = [[1,2,3],[4,5,6],[7,8,9]]
>>> [v for line in vec for v in line]
[1, 2, 3, 4, 5, 6, 7, 8, 9]
```

上述列表推导式实际就相当于一个双重循环，等价于以下代码：

```
>>> vec = [[1,2,3],[4,5,6],[7,8,9]]
>>> result = []
>>> for line in vec:
        for v in line:
            result.append(v)
>>> result
[1, 2, 3, 4, 5, 6, 7, 8, 9]
```

7. 列表应用示例

【例 4-1】 设在一个列表中存放有一组学生成绩，要求利用列表的相关操作实现以下功能。

① 求所有学生成绩的最高分。

② 求所有学生成绩的最低分。

③ 求所有学生成绩的平均分。

④ 统计不及格的学生人数。

⑤ 统计 90 分以上的学生人数。

⑥ 找出 60~80 的所有成绩。

⑦ 找出所有相同分数的成绩。

⑧ 将成绩从高到低排序。

⑨ 查找第二名的考试成绩。

⑩ 查找某一成绩在班内排第几名。

此案例既可以通过编写程序来实现，也可直接在交互模式下实现，因每个功能都相对简单，故在此直接在交互模式下实现。

```
>>> score = [40,55,78,89,90,89,99,67,90,92]
>>> max(score)                              # 最高分
99
>>> min(score)                              # 最低分
40
>>> sum(score)/len(score)                   # 平均分
78.9
>>> len([s for s in score if s < 60])       # 不及格人数
2
>>> len([s for s in score if s >= 90])      # 90 分以上的学生人数
4
>>> [s for s in score if 60 <= s <= 80]     # 成绩在 60~80 分的
[78, 67]
>>> [s for s in score if score.count(s) >= 2] # 具有相同分数的成绩
[89, 90, 89, 90]
>>> score.sort(reverse = True)              # 逆序排序
>>> score
[99, 92, 90, 90, 89, 89, 78, 67, 55, 40]
>>> score[1]                                # 第二名成绩
92
>>> score.index(78) + 1                     # 查看某一成绩的排名
7
```

【例 4-2】 阿凡提与国王比赛下棋，国王说要是自己输了，阿凡提想要什么他都可以拿得出来，阿凡提说那就要点米吧。棋盘被分成 64 个小格子，在第一个格子里放 1 粒米，第二个格子里放 2

粒米，第三个格子里放 4 粒米，第四个格子里放 8 粒米，以此类推，后面每个格子里的米都是前一个格子里的 2 倍，一直把 64 个格子都放满。问共需要多少粒米？

【分析】显然一共需要 $2^0+2^1+2^2+\cdots+2^{63}$ 粒米，实际上就是一个等比数列求和。利用列表推导式与求和函数就可以解决。

```
>>> sum([2 ** i for i in range(64)])
18446744073709551615
```

4.2.2　元组

元组（tuple）是类似于列表的一种数据结构。元组中的元素都放在圆括号"()"中，元素之间用逗号分隔，并且元素可以是任意类型的；元组也是有序序列，可通过下标访问元素。

与列表不同的是，元组是不可变序列，一旦创建，就不能改变元组的元素，即不能对元组的元素进行添加、修改、删除等操作。从一定程度上讲，可以认为元组是轻量级的列表，或者是"常量列表"。Python 内部实现对元组做了大量优化，使其访问和处理速度比列表更快。如果一组数据的主要用途是遍历或其他类似用途，不需要对元素进行修改，建议使用元组而不是列表。元组的不可变性使得元组中的元素在使用过程中相对安全，当程序中有些数据不希望在使用中被修改时，也可以考虑使用元组。

1. 元组的创建与删除

（1）元组的创建

元组的创建与列表类似，常用的创建方法有两种，一是使用圆括号"()"创建，二是使用 tuple() 函数创建。

方法 1：使用圆括号"()"创建。

将元组的元素放在圆括号中，用逗号分开。当只有一个元素时，元素后面也必须有逗号；当括号内没有元素时，表示创建一个空元组。

```
>>> t = (1,2,3)        # 创建一个非空元组
>>> t
(1, 2, 3)
>>> t = ([2,3],(1,2))
>>> t
([2, 3], (1, 2))
>>> t = (1,)           # 创建一个只包含一个元素的元组
>>> t
(1,)
>>> t = ([1,2,3],)
>>> t
([1, 2, 3],)
>>> t = ()             # 创建一个空元组
>>> t
()
```

微课 4-10：元组的创建与删除

> **说明** 实际上，在使用非空元组时，括号也可以省略。在 Python 中，一组用逗号分隔的数据将被系统自动默认为元组类型。

```
>>> t = 1,2,3                    # 用逗号分隔的多个数据
>>> t
(1, 2, 3)
>>> t = [1,2,3],[1,2]
>>> t
([1, 2, 3], [1, 2])
>>> t = 1,                       # 用逗号分隔的一个数据
>>> t
(1,)
>>> type(t)                      # 用逗号分隔的一个数据也是元组
<class 'tuple'>
>>> t = 1                        # 若不加逗号，则不是元组
>>> type(t)
<class 'int'>
>>> t = [1,2,3],                 # 等价于 t = ([1,2,3],)
>>> t
([1, 2, 3],)
>>> t = [1,2,3]                  # 没加逗号，不是元组，实际上创建的是一个列表
>>> t
[1, 2, 3]
```

方法 2：使用 tuple() 函数创建。

利用 tuple() 函数可将一个数据结构对象（如列表、range 对象、字符串或其他类型的可迭代对象等）转换为元组。

```
>>> t = tuple([1,2,3,4])         # 将列表转换为元组
>>> t
(1, 2, 3, 4)
>>> t = tuple(range(5))          # 将 range 对象转换为元组
>>> t
(0, 1, 2, 3, 4)
>>> t = tuple("hello")           # 将字符串转换为元组
>>> t
('h', 'e', 'l', 'l', 'o')
```

（2）元组的删除

使用 del 命令可删除一个元组。

```
>>> t = (2,3,4)              # 创建一个元组
>>> t
(2, 3, 4)
>>> del t                    # 删除元组
>>> t                        # 此时元组已经不存在
Traceback (most recent call last):
  File "<pyshell#229>", line 1, in <module>
    t
NameError: name 't' is not defined
```

微课 4-11：元组
的基本操作

2. 元组的基本操作

（1）元组元素的访问

访问元组元素既可以通过下标来进行，也可通过切片操作来进行，方法与列表相关操作类似。

```
>>> t = (0, 1, 2, 3, 4)
>>> t[2]                     # 获取下标为 2 的元素
2
>>> t[0:3]                   # 获取下标为 0~2 的元素
(0, 1, 2)
>>> t[::2]                   # 获取下标为偶数的元素
(0, 2, 4)
>>> t[::]                    # 获取整个元组
(0, 1, 2, 3, 4)
>>> t[::-1]                  # 倒序获取整个元组
(4, 3, 2, 1, 0)
>>> t[9]                     # 下标越界
Traceback (most recent call last):
  File "<pyshell#84>", line 1, in <module>
    t[9]
IndexError: tuple index out of range
>>> t[9:]                    # 切片操作下标越界时不会抛出异常，会返回空元组
()
```

（2）元组的其他操作

与列表相比，由于元组的元素是不能被修改的，所以元组的操作函数和方法相对较少。常用方法主要有 index()和 count()，使用方法与列表的类似。常用内置函数如 max()、min()、sum()、len()、sorted()、reversed()对元组同样适用。元组同样支持运算符+和*，以及身份运算符和成员运算符。

```
>>> (1,2,3) + (4,5,6)        # 元组的连接
(1, 2, 3, 4, 5, 6)
>>> t = (1,2,3) * 3          # 元组的重复
>>> t
```

```
(1, 2, 3, 1, 2, 3, 1, 2, 3)
>>> t.index(1)            # 查找元素 1 首次出现的位置
0
>>> t.count(1)           # 统计元素 1 出现的次数
3
>>> max(t)               # 求最大值
3
>>> min(t)               # 求最小值
1
>>> len(t)               # 统计元素个数
9
>>> sum(t)               # 求和
18
>>> 3 in t               # 成员运算
True
>>> t2 = (1,2,3)
>>> t is t2              # 身份运算
False
>>> sorted(t)           # 排序
[1, 1, 1, 2, 2, 2, 3, 3, 3]
>>> reversed(t)         # 翻转
<reversed object at 0x0000005E128E6358>
```

 注意 元组虽然是不可变序列，其元素不允许改变，但如果元组中包含可变序列，可变序列本身仍然是可变的。

```
>>> t = (1,2,3,[4,5])    # 包含列表的元组
>>> t[3].append(6)       # 为元组中的列表添加一个元素
>>> t
(1, 2, 3, [4, 5, 6])
>>> t[3][0] = 100        # 修改元组中列表的元素
>>> t
(1, 2, 3, [100, 5, 6])
```

3. 生成器表达式

生成器表达式（generator expression），能使用非常简洁的方式来快速生成满足特定需求的一组数据。其语法格式如下。

```
(expression for expr1 in sequence1 if condition1
        for expr2 in sequence2 if condition2
```

微课 4-12：生成器表达式

```
       for expr3 in sequence3 if condition3
        ...
       for exprN in sequenceN if conditionN)
```

从形式上看，生成器表达式与列表推导式非常相似，只是生成器表达式使用圆括号而列表推导式使用方括号。

与列表推导式不同的是，生成器表达式的结果是生成器对象，而不是元组。

使用生成器对象的元素时，可以根据需要将其转换为列表或元组，也可以使用生成器对象的 __next__()方法或者内置函数 next()进行遍历，或者直接将其作为迭代器对象来使用。

不管用哪种方法访问其元素，当所有元素访问结束以后，如果需要重新访问其中的元素，必须重新创建该生成器对象。

方法 1：利用 __next__()方法或者内置函数 next()遍历生成器对象。

```
>>> g = (i*i for i in range(5))     # 创建一个生成器，里面共有 5 个元素
>>> g
<generator object <genexpr> at 0x000000AE6FDDE6D0>
>>> next(g)                          # 使用内置函数 next()来访问元素
0
>>> next(g)
1
>>> g.__next__()                     # 使用生成器对象的 __next__()方法获取元素
4
>>> g.__next__()
9
>>> g.__next__()
16
>>> g.__next__()             # 已经没有元素了
Traceback (most recent call last):
  File "<pyshell#282>", line 1, in <module>
    g.__next__()
StopIteration
```

方法 2：将生成器转换为列表。

```
>>> g = (i*i for i in range(5))
>>> list(g)                 # 将生成器转换为列表
[0, 1, 4, 9, 16]
```

方法 3：直接利用循环遍历生成器中的对象。

```
>>> g = (i*i for i in range(5))
>>> for i in g:
        print(i,end=' ')
0 1 4 9 16
```

4．元组应用示例

【例 4-3】 求从 3 种颜色中随机选择 2 种的所有组合。

```
colors = ('red','green','blue')
combine = [(colors[i],colors[j]) for i in range(len(colors)) for j in range(i+1,
len(colors))]
print('3 种颜色中随机选择 2 种的组合有：')
for c in combine:
    print(c,end=' ')
```

【运行结果】

3 种颜色中随机选择 2 种的组合有：

('red', 'green') ('red', 'blue') ('green', 'blue')

【例 4-4】 求从 1~3 中任选 2 个数组成的所有 2 位数。

```
num = tuple(range(1,4))
combine = ((x,y) for x in num for y in num  if x != y)
print('从 1 到 3 中任选 2 个数组成的所有 2 位数是：')
for c in combine:
    print(c[0] * 10 + c[1],end=' ')
```

【运行结果】

从 1 到 3 中任选 2 个数组成的所有 2 位数是：

12 13 21 23 31 32

4.2.3 字典

字典（dictionary）是包含若干键值对（key:value）的无序可变序列，也是一个映射类型的数据结构，字典中的元素都放在一对花括号"{}"中，元素之间用逗号分隔。

字典中的每个元素是一个键值对（key:value）。在字典中，"key"被称为"键"，"value"被称为"值"，表示一种映射或对应关系。例如，每个学号对应一个学生姓名，每个书号对应一本书的名字，每个教工号对应一个教师名。以上 3 类关系用字典表示如下。

{'1001':'赵宇','1002':'刘芳'}

{'ISBN 978-7-115-47449-0':'大学英语','ISBN 978-7-302-45646-9':'Python 程序设计'}

{'T1001':'张军','T1002':'王明'}

字典中的元素是无序的，不能像列表、元组那样通过索引访问元素，而是通过"键"访问对应的元素。因此，字典中各元素的"键"是唯一的，不允许有重复，而"值"是可以有重复的，例如允许学生重名，但学号是唯一的。

字典中的"键"可以是 Python 中的任意不可变类型，例如整数、浮点数、字符串、元组等，不能使用列表、字典、集合等可变类型，但"值"可以是任意类型。

1．字典的创建与删除

（1）字典的创建

方法 1：使用"{}"创建。

将键值对以逗号分隔后放在花括号"{}"中直接赋值给某一变量。若括号中没有给出键值对，则表示创建空字典。

```
>>> stu = {'1001':'赵宇','1002':'刘芳'}
>>> stu
{'1001': '赵宇', '1002': '刘芳'}
>>> type(stu)
<class 'dict'>
>>> stu = {}
>>> stu
{}
```

微课 4-13：字典的创建与删除

方法 2：使用 dict() 函数创建。

在使用 dict() 函数创建时，参数可以有几种不同的表示方法。

一是 dict() 的参数是可迭代的容器，即序列、迭代器或可迭代的对象，每个可迭代的元素必须是键值对。

例如字典{'1001':'赵宇','1002':'刘芳'}可以用以下 4 种不同方式来创建：

```
>>> stu = dict((('1001','赵宇'),('1002','刘芳')))
>>> stu = dict([('1001','赵宇'),('1002','刘芳')])
>>> stu = dict((['1001','赵宇'],['1002','刘芳']))
>>> stu = dict([['1001','赵宇'],['1002','刘芳']])
```

说明 因 dict() 函数里面的参数应是键值对的组合，而且只能表示成一个数据，所以把这些键值对组合成列表或元组来表示。每个键值对本身既可以用元组表示，也可以用列表表示，因此有上述 4 种不同的创建方式。

二是 dict() 函数的参数也可以是形如"键=值"的序列对，如创建字典{'T1001':'张军','T1002':'王明'}，用 dict() 函数创建就可以采用如下方式：

```
>>> teacher = dict(T1001='张军',T1002='王明')
>>> teacher
{'T1001': '张军', 'T1002': '王明'}
```

注意 采用此种方式时，实际上使用的是关键字参数，等号前面的是关键字参数名，相当于一个变量名，要符合标识符命名规则。因此并不是所有字典都可以利用此种方式来实现。如果键是以数字开头的，就不符合标识符命名规则，在使用时就会提示有语法错误，如对字典{'1001':'赵宇','1002':'刘芳'}就无法以此种方式创建。

```
>>> stu = dict(1001='赵宇',1002 = '刘芳')
SyntaxError: keyword can't be an expression
```

dict() 函数的参数为空时，表示创建一个空字典：

```
>>> stu = dict()
```

```
>>> stu
{}
```

方法 3：利用 dict 的 fromkeys()方法创建。

格式：`dict.fromkeys(键[,值])`或`{}.fromkeys(键[,值])`

功能：根据给定键创建一个具有相同值的字典，若值没有给出，则默认为 None。

```
>>> stu = dict.fromkeys(['1001','1002'],'赵宇')
>>> stu
{'1001': '赵宇', '1002': '赵宇'}
>>> stu = {}.fromkeys(['1001','1002'])
>>> stu
{'1001': None, '1002': None}
```

（2）字典的删除

当不再需要字典时，同样可以用 del 命令删除，与删除列表或元组的相关操作类似。

```
>>> del stu
>>> stu
Traceback (most recent call last):
  File "<pyshell#5>", line 1, in <module>
    stu
NameError: name 'stu' is not defined
```

2. 字典的基本操作

（1）字典元素的访问

字典中元素是键值对，最简单的访问方式是以"键"作为下标来获取指定的"值"。

格式：字典对象[键]

功能：获取字典中指定键对应的值。若指定键不存在，则抛出异常。

```
>>> stu = {'1001':'赵宇','1002':'刘芳'}
>>> stu['1001']
'赵宇'
>>> stu['1004']
Traceback (most recent call last):
  File "<pyshell#37>", line 1, in <module>
    stu['1004']
KeyError: '1004'
```

微课 4-14：字典
的基本操作

为避免下标访问键不存在时抛出异常导致程序中止，字典对象提供了 get()方法用来返回指定键的值，该方法允许指定当键不存在时返回的值。

格式：字典.get(<键>[,d])

功能：若<键>在字典中，返回<键>所对应的值；若键不存在且指定了 d，则返回 d，否则无返回值。

```
>>> stu = {'1001':'赵宇','1002':'刘芳'}
>>> stu.get('1001','none')                # 当键存在时返回相应的值
```

```
'赵宇'
>>> stu.get('1004','none')                    # 当键不存在时返回指定的值
'none'
>>> stu.get('1004')                           # 键不存在且未指定返回值，则无返回值
```

（2）字典元素的添加与修改

向字典中添加或修改一个元素最简单的方法是以指定键为下标给字典元素赋值。如果给出的键在字典中不存在，则是往字典中添加元素，否则就是修改元素。

```
>>> stu = {'1001':'赵宇','1002':'刘芳'}
>>> stu['1003'] = '孙叶'                       # 添加元素
>>> stu
{'1001': '赵宇', '1002': '刘芳', '1003': '孙叶'}
>>> stu['1002'] = '张芳'                       # 修改元素
>>> stu
{'1001': '赵宇', '1002': '张芳', '1003': '孙叶'}
```

（3）字典元素的删除

字典元素的删除既可以用 del 命令删除指定的元素，也可以利用字典本身的 clear()方法删除所有元素，即清空字典。

```
>>> stu = {'1001':'赵宇','1002':'张芳','1003':'孙叶'}
>>> del stu['1003']                           # 删除指定元素
>>> stu
{'1001': '赵宇', '1002': '张芳'}
>>> stu.clear()                               # 清空字典
>>> stu
{}
```

3. 常用字典操作方法

Python 提供了大量的字典操作方法，用来对字典进行处理。常用字典操作方法如表 4-1 所示。

表 4-1　常用字典操作方法

方法名	说明
keys()	获取字典中所有的键，并以列表形式返回
values()	获取字典中所有的值，并以列表形式返回
items()	以列表形式返回字典中所有的键值对，每个列表元素是一个元组
update(<字典>)	把指定<字典>中的键值对添加到当前字典中，若有同名键，其值取参数中值
pop(<键>[,d])	若<键>在字典中，则删除并返回<键>所对应的值；若不在，有 d 则返回 d，无 d 时会引发异常
popitem()	删除并返回一个键值对的元组，字典为空时将引发异常
setdefault(<键>[,d])	键在字典中时，返回对应的值，参数 d 无效；不在时，可设置相应的键和值，并返回设置值（d 默认为 None）

（1）keys()、values()和 items()方法

这 3 个方法分别用来返回字典的键、值和元素。

微课 4-15：字典
常用方法

```
>>> stu = {'1001':'赵宇','1002':'张芳','1003':'孙叶'}
>>> stu.keys()
dict_keys(['1001', '1002', '1003'])
>>> stu.values()
dict_values(['赵宇', '张芳', '孙叶'])
>>> stu.items()
dict_items([('1001', '赵宇'), ('1002', '张芳'), ('1003', '孙叶')])
```

> **说明** 当对字典进行迭代时，默认遍历的是字典的键。若想作用于值，则需要用 values()方法明
> 确指定；若想作用于元素，即键值对，则需要用 items()方法明确指定。成员运算符 in 和
> not in 也适用于字典，默认也是作用于字典的键。

```
>>> stu = {'1001':'赵宇','1002':'张芳','1003':'孙叶'}
>>> for k in stu:                          # 默认遍历的是字典的键
        print(k,end=' ')
1001 1002 1003
>>> for v in stu.values():                 # 遍历字典的值
        print(v,end = ' ')
赵宇 张芳 孙叶
>>> for i in stu.items():                  # 遍历字典的元素，即健值对
        print(i,end = ' ')
 ('1001', '赵宇') ('1002', '张芳') ('1003', '孙叶')
>>> '1001' in stu                          # 检查键是否在字典中
True
>>> '赵宇' in stu
False
>>> '赵宇' in stu.values()
True
```

（2）update()方法

格式：字典 1.update(<字典 2>)

功能：用字典 2 去更新字典 1，若字典 2 中的键在字典 1 中不存在，则添加相应的键值对；若
存在，则用字典 2 的值更新字典 1 中相对应的值。

```
>>> stu1 = {'1001':'赵宇','1002':'张军'}
>>> stu2 = {'1001':'赵宇','1002':'张芳','1003':'孙叶'}
>>> stu1.update(stu2)
```

```
>>> stu1
{'1001': '赵宇', '1002': '张芳', '1003': '孙叶'}
```

（3）pop()和 popitem()方法

这两个方法用于弹出并删除指定的元素。

```
>>> stu = {'1001':'赵宇','1002':'张军'}
>>> stu.pop('1001','no exists')
'赵宇'
>>> stu.pop('1006','no exists')
'no exists'
>>> stu.popitem()
('1002', '张军')
```

（4）setdefault()方法

当指定键在字典中不存在时，该方法相当于添加一个新元素；当指定键在字典中存在时，该方法可获取指定键的值，相当于 get()方法。

```
>>> stu = {'1001':'赵宇','1002':'张军'}
>>> stu.setdefault('1003','刘敏')          # 指定键不存在，相当于添加元素
'刘敏'
>>> stu
{'1001': '赵宇', '1002': '张军', '1003': '刘敏'}
>>> stu.setdefault('1002','刘敏')          # 指定键存在，相当于 get()方法
'张军'
>>> stu
{'1001': '赵宇', '1002': '张军', '1003': '刘敏'}
```

4. 字典常用函数

内置函数 len()、max()、min()、sum()和 sorted()同样适用于字典，须注意的是，使用这些函数时默认也是作用于字典的键。若想作用于值，则需要用 values()方法明确指定；若想作用于元素，即键值对，则需要用 items()方法明确指定。

```
>>> mydict = {1:10,2:200,3:30}
>>> max(mydict)                          # 对键求最大值
3
>>> max(mydict.values())                 # 对值求最大值
200
>>> sum(mydict)                          # 对键求和
6
>>> sum(mydict.values())                 # 对值求和
240
>>> len(mydict)                          # 求字典元素个数
3
```

微课 4-16：字典
常用函数

```
>>> sorted(mydict,reverse = True)          # 对键排序，降序排列
[3, 2, 1]
>>> sorted(mydict.values())                # 对值排序，升序排列
[10, 30, 200]
>>> sorted(mydict.items())                 # 对元素排序
[(1, 10), (2, 200), (3, 30)]
```

 提示　在排序时可通过 key 参数指定不同的排序依据，排序依据的指定通常有两种方式，一是利用标准库 operator 中的 itemgetter，二是利用匿名函数。

（1）利用 itemgetter 指定排序依据：

```
>>> from operator import itemgetter
>>> sorted(mydict.items(),key = itemgetter(1))          # 按值大小对元素进行排序
[(1, 10), (3, 30), (2, 200)]
```

（2）利用匿名函数指定排序依据：

```
>>> sorted(mydict.items(),key = lambda x:x[1])          # 按值大小对元素进行排序
[(1, 10), (3, 30), (2, 200)]
```

5. 字典推导式

字典也支持采用一种简洁的形式来生成，也即字典推导式，与列表推导式使用方法相似，只不过外面是用花括号"{}"而不是用方括号"[]"包裹，且每个元素是键值对形式。

```
>>> {str(i):i for i in range(1,5)}
{'1': 1, '2': 2, '3': 3, '4': 4}
>>> no = ['1001','1002']
>>> name = ['王芳','赵宇']
>>> {k:v for k,v in zip(no,name)}
{'1001': '王芳', '1002': '赵宇'}
```

微课 4-17：字典推导式

 说明　上述代码中用到了内置函数 zip()，其作用是从每个序列相对应位置上分别取一个元素组合成一个新元素。

6. 字典应用示例

【例 4-5】　统计一个字符串中各个字符出现的次数。

【分析】统计结果利用字典来保存，将字符作为键，将出现的次数作为值。从头开始遍历字符串，如果一个字符第一次出现，则将其值设为 0，否则在原来值基础上加 1。

```
str1 = 'helloPython'
mydict = {}              # 设置一个空字典
for ch in str1:          # 统计各字符出现次数
    mydict[ch] = mydict.get(ch,0)+1
print('各字符出现的次数: ')
```

```
    for k in mydict:    # 输出结果
        print(k,mydict[k],sep=':',end=' ')
```

【运行结果】

各字符出现的次数：

h:2 e:1 l:2 o:2 P:1 y:1 t:1 n:1

【例 4-6】 数据的简单加密、解密。有一加密方法，其加密原理是：对于一个报文中出现的任何字母，用其后（字母表顺序）的第 13 个字母代替。即字母 "A" 用 "N" 代替，"B" 用 "O" 代替，……，"M" 用 "Z" 代替，"N" 用 "A" 代替……小写字母类似。例如报文 "She has 2 sisters"，对应的密文就是 "Fur unf 2 fvfgref"。要求给出报文，输出密文（加密）；给出密文，输出报文（解密）。

【分析】加密过程：创建一个字典，以原字母作为键，以对应密文作为值。然后根据报文从字典中查找相应的键，返回对应值即可。解密过程：以密文作为键，以原字母作为值。然后根据密文从字典中查找相应的键，返回对应的值即可。

加密过程代码如下。

```
k = 'ABCDEFGHIJKLMNOPQRSTUVWXYZabcdefghijklmnopqrstuvwxyz'
v = 'NOPQRSTUVWXYZABCDEFGHIJKLMnopqrstuvwxyzabcdefghijklm'
text = 'She has 2 sisters'
mydict = dict(zip(k,v))
ciphertext = [mydict.get(ch) if ch in mydict else ch for ch in text]
for ch in ciphertext:
    print(ch,end='')
```

【运行结果】

Fur unf 2 fvfgref

解密过程代码如下。

```
k = 'ABCDEFGHIJKLMNOPQRSTUVWXYZabcdefghijklmnopqrstuvwxyz'
v = 'NOPQRSTUVWXYZABCDEFGHIJKLMnopqrstuvwxyzabcdefghijklm'
ciphertext = 'Fur unf 2 fvfgref'
mydict = dict(zip(v,k))
text = [mydict.get(ch) if ch in mydict else ch for ch in ciphertext]
for ch in text:
    print(ch,end='')
```

【运行结果】

She has 2 sisters

【例 4-7】 在一个字典中存放有若干学生的成绩（键为姓名，值为成绩），要求实现以下功能。

① 求成绩最高分。

② 求成绩最低分。

③ 求成绩的平均分。

④ 按姓名升序排列。

⑤ 按成绩降序排列，成绩相同者再按姓名降序排列。

每个功能相对简单，可直接在交互模式下实现。

```
>>> score = {'wang':78,'liu':89,'sun':88,'zhao':76,'zhou':78,'gao':80,'an':78}
>>> max(score.values())                # 成绩最高分
89
>>> min(score.values())                # 成绩最低分
76
>>> sum(score.values())/len(score)     # 成绩平均分
81.0
>>> sorted(score.items())              # 按姓名升序排列
[('an', 78), ('gao', 80), ('liu', 89), ('sun', 88), ('wang', 78), ('zhao', 76), ('zhou',
78)]
# 先按成绩降序排列，成绩相同者再按姓名降序排列
>>> from operator import itemgetter
>>> sorted(score.items(),key = itemgetter(1,0),reverse = True)
[('liu', 89), ('sun', 88), ('gao', 80), ('zhou', 78), ('wang', 78), ('an', 78), ('zhao',
76)]
```

4.2.4　集合

集合是由一组无序、互异（元素值唯一）、确定的对象（指数字、字符串、元组等不可变类型或者可哈希的数据，而不能是列表、字典、集合等可变类型的数据）构成的序列，使用一对花括号"{}"界定，元素之间用逗号分隔。

Python 中集合分可变集合（set）和不可变集合（frozenset)。可变集合可添加、删除元素，而不可变集合不允许添加、删除元素。没有特别指明时，集合都是指可变集合。

1. 集合的创建与删除

（1）集合的创建

方法 1：使用"{}"创建

采用此方式创建的集合默认为可变集合。

微课 4-18：集合
的创建与删除

```
>>> set_demo = {5,10,'a','hello'}
>>> set_demo
{10, 'a', 'hello', 5}
>>> type(set_demo)
<class 'set'>
>>> set_demo = {[1,2,3]}                # 列表不能作为集合中的元素
Traceback (most recent call last):
  File "<pyshell#146>", line 1, in <module>
    set_demo = {[1,2,3]}
TypeError: unhashable type: 'list'
```

> **注意** 空集合不能直接使用"{}"来创建。在 Python 中，直接用"{}"创建的是空字典，而不是空集合。

```
>>> test= {}              # 创建的是空字典，不是空集合
>>> type(test)
<class 'dict'>
```

方法 2：使用 set()或 frozenset()函数创建。

使用 set()函数创建的是可变集合，使用 frozenset()函数创建的是不可变集合。通过函数可将列表、元组、字符串等其他可迭代对象转换为集合，如果原序列中有重复数据，则只保留一个。如果没有给出参数，表示创建空集合。

```
>>> set_demo = set([5,6,5,4,3])          # 将列表转换为集合
>>> set_demo
{3, 4, 5, 6}
>>> set_demo = set('abcd')               # 将字符串转换为集合
>>> set_demo
{'a', 'b', 'd', 'c'}
>>> set_demo = set()                     # 创建空集合
>>> set_demo
set()
>>> fset_demo = frozenset([1,2,3,4,4])   # 将列表转换为不可变集合
>>> fset_demo
frozenset({1, 2, 3, 4})
>>> fset_demo = frozenset()
>>> fset_demo
frozenset()
```

（2）集合的删除

集合的删除同样可利用 del 命令。

```
>>> del set_demo
>>> set_demo
Traceback (most recent call last):
  File "<pyshell#121>", line 1, in <module>
    set_demo
NameError: name 'set_demo' is not defined
```

2. 集合运算

Python 中的集合与数学中集合概念一致，因此支持数学中集合的一些运算，如集合的交、并、差等。Python 中的集合运算符如表 4-2 所示。

微课 4-19：集合运算

表 4-2   Python 中的集合运算符

运算符	对应数学符号	功能
in	∈	判断某对象是否是集合成员
not in	∉	判断某对象是否不是集合成员
==	=	相等
!=	≠	不等
<	⊂	判断某集合是否是另一集合的严格子集
<=	⊆	判断某集合是否是另一集合的子集
>	⊃	判断某集合是否是另一集合的严格超集
>=	⊇	判断某集合是否是另一集合的超集
&	∩	交集
|	∪	并集
–	–或\	相对补集或差补
^	△	对称差分

对于集合操作的并（|）、交（&）、差补（–）、对称差分（^）这 4 个操作符，如果操作符两边的集合是同类型（可变集合或不可变集合）的，则结果仍然是原类型；如果操作符两边的集合类型不相同，则结果集合类型与左操作数的一致。

```
>>> set_demo1 = set('123')
>>> set_demo2 = set('345')
>>> set_demo1 | set_demo2
{'4', '5', '1', '2', '3'}
>>> fset_demo1 = frozenset('123')
>>> fset_demo2 = frozenset('345')
>>> fset_demo1 | fset_demo2
frozenset({'4', '5', '1', '2', '3'})
>>> set_demo1 | fset_demo2
{'4', '5', '1', '2', '3'}
>>> fset_demo2 | set_demo1
frozenset({'4', '5', '1', '2', '3'})
```

3．集合常用函数

标准内置函数 len()、max()、min()、sum()和 sorted()等仍可用于集合，但sorted()的返回结果是列表。

```
>>> set_demo = set([1,2,5,4,3,5])
>>> len(set_demo)
5
>>> max(set_demo)
```

微课 4-20：集合
常用函数

```
5
>>> min(set_demo)
1
>>> sum(set_demo)
15
>>> sorted(set_demo,reverse = True)
[5, 4, 3, 2, 1]
```

4. 集合常用方法

Python 集合提供了大量方法，这些方法中有的对可变集合和不可变集合都适用，有的方法仅适用于可变集合。表 4-3 中列出的方法对可变集合和不可变集合都适用。表 4-4 中列出的方法仅适用于可变集合。

表 4-3　集合方法（适用于可变集合和不可变集合）

方法名	功能
s.issubset(t)	如果 s 是 t 的子集，返回 True，否则返回 False
s.issuperset(t)	如果 s 是 t 的超集，返回 True，否则返回 False
s.union(t)	返回 s 和 t 的并集
s.intersection(t)	返回 s 和 t 的交集
s.difference(t)	返回 s 和 t 的差补
s.symmetric_difference(t)	返回 s 和 t 的对称差分
s.copy()	s 的浅复制

 说明 并、交、差补、对称差分及浅复制的结果都是返回一个新集合。因这些方法都不会改变原集合，所以对可变集合和不可变集合都是可用的。

```
>>> s1 = {1,2,3,4}
>>> s2 = {3,4,5,6}
>>> s1.issubset(s2)              # 判断 s1 是否是 s2 的子集
False
>>> s1.union(s2)                 # 求 s1 和 s2 的并集，等价于 s1 | s2
{1, 2, 3, 4, 5, 6}
>>> s1.intersection(s2)          # s1 和 s2 的交集，等价于 s1 & s2
{3, 4}
>>> s1.difference(s2)            # s1 和 s2 的差补，等价于 s1 - s2
{1, 2}
>>> s1.symmetric_difference(s2)  # s1 和 s2 的对称差分，等价于 s1 ^ s2
{1, 2, 5, 6}
>>> s1.copy()                    # 浅复制
```

微课 4-21：集合
常用方法

```
{1, 2, 3, 4}
>>> fs1 = frozenset((1,2,3,4))
>>> fs2 = frozenset((3,4,5,6))
>>> fs1.union(fs2)
frozenset({1, 2, 3, 4, 5, 6})
```

表 4-4　集合方法（仅适用于可变集合）

方法名	功能
s.update(t)	用 s 和 t 的并集代替 s
s.intersection_update(t)	用 s 和 t 的交集代替 s
s.difference_update(t)	用 s 和 t 的相对补集代替 s
s.symmetric_difference_update(t)	用 s 和 t 的对称差分集代替 s
s.add(obj)	在集合 s 中添加元素 obj
s.remove(obj)	删除集合 s 中的元素 obj，若 obj 不存在，则会引发错误
s.discard(obj)	如果元素 obj 在集合 s 中，则删除 obj
s.pop()	删除集合 s 中的任一元素并返回该元素
s.clear()	清空集合 s

> **说明**　这些方法会改变原集合，故只适用于可变集合，而不能用于不可变集合。

```
>>> fs1 = frozenset((1,2,3,4))
>>> fs1.add(9)                          # 不可变集合添加元素时抛出异常
Traceback (most recent call last):
  File "<pyshell#73>", line 1, in <module>
    fs1.add(9)
AttributeError: 'frozenset' object has no attribute 'add'
>>> s1 = {1,2,3,4}
>>> s2 = {4,5,6,7}
>>> s1.update(s2)                       # 用 s1 和 s2 的并集代替 s1
>>> s1
{1, 2, 3, 4, 5, 6, 7}
>>> s1.intersection_update(s2)          # 用 s1 和 s2 的交集代替 s1
>>> s1
{4, 5, 6, 7}
>>> s3 = {1,2,3,4}
>>> s1.difference_update(s3)            # 用 s1 和 s3 的相对补集代替 s1
>>> s1
```

```
{5, 6, 7}
>>> s1.symmetric_difference_update({4,5,6,7})    # 用 s1 和{4,5,6,7}的对称差分代替 s1
>>> s1
{4}
>>> s1.add(8)                                     # 添加元素
>>> s1
{4, 8}
>>> {1,2,3,4}.pop()                               # 删除集合中某一元素
1
>>> s1 = {1,2,3,4}
>>> s1.remove(3)                                  # 删除指定元素
>>> s1
{1, 2, 4}
>>> s1.remove(8)                                  # 要删除的元素不存在，抛出异常
Traceback (most recent call last):
  File "<pyshell#94>", line 1, in <module>
    s1.remove(8)
KeyError: 8
>>> s1.discard(2)                                 # 删除指定元素
>>> s1
{1, 4}
>>> s1.discard(20)                                # 即使要删除的元素不存在，也不会抛出异常
>>> s1.clear()                                    # 清空集合
>>> s1
set()
```

5. 集合推导式

集合推导式与字典推导式相似，都是用"{}"括注，所不同的是集合里面的元素不是键值对的形式，而只是值。或者说集合推导式与列表推导式相似，只是换成用"{}"括注。

```
>>> set_demo = {i * i for i in range(0,10,2)}
>>> set_demo
{0, 64, 4, 36, 16}
>>> set_demo = {i * i for i in range(10) if i % 2 == 0}
>>> set_demo
{0, 64, 4, 36, 16}
```

微课 4-22：集合
推导式

6. 集合应用示例

【例 4-8】 一个志愿者团队有 6 名学生，其中有 4 名学生参加了"爱泉护泉"公益宣传活动，有 3 名学生参加了"绿色出行"公益宣传活动，请找出两项公益活动都参加的学生，找出一项公益活动也没参加的学生。

```
students = {'王芳','刘明','赵宇','张月','孙朋','张敏'}
spring = {'刘明','赵宇','孙朋','张敏'}          # 参加"爱泉护泉"公益宣传的学生
green_out = {'王芳','赵宇','孙朋'}              # 参加"绿色出行"公益宣传的学生
print('两项公益活动都参加的学生有: ',spring & green_out)
print('一项公益活动也没参加的学生有: ',students - (spring | green_out))
```

【运行结果】

两项公益活动都参加的学生有: {'孙朋', '赵宇'}

一项公益活动也没参加的学生有: {'张月'}

【例 4-9】 有一个班的学生参加了学校组织的"爱泉护泉""绿色出行""勤俭节约"公益宣传活动,请找出 3 项公益活动都参加的学生名单,找出至少参加两项公益活动的学生名单。

```
stu1 = {'王芳','刘明','赵宇','张月','孙朋','张敏'}
stu2 = {'刘明','赵宇','孙朋','张敏'}
stu3 = {'王芳','赵宇','孙朋'}
print('三项公益活动都参加的学生有: ',stu1 & stu2 & stu3)
print('至少参加两项公益活动的学生有: ',stu1 & stu2 | stu1 & stu3 | stu2 & stu3)
```

【运行结果】

三项公益活动都参加的学生有: {'孙朋', '赵宇'}

至少参加两项公益活动的学生有: {'王芳', '赵宇', '孙朋', '张敏', '刘明'}

4.2.5 字符串

1. 字符串简介

最早的字符串编码是美国标准信息交换码 ASCII,仅对 10 个数字、26 个大写英文字母、26 个小写英文字母及一些符号进行了编码。ASCII 采用 1 个字节来对字符进行编码,最多只能表示 256 个符号。

随着信息技术的发展和信息交换的需要,各国的文字都需要进行编码,不同的应用领域和场合对字符串编码的要求也略有不同,于是又分别设计了多种不同的编码格式,常见的主要有 UTF-8、UTF-16、UTF-32、GB2312、GBK、CP936、base64、CP437 等。

GB2312 是我国制定的中文编码,使用 1 个字节表示英文,使用 2 个字节表示中文;GBK 是 GB2312 的扩充,而 CP936 是微软在 GBK 基础上开发的编码方式。GB2312、GBK 和 CP936 都使用 2 个字节表示中文。

UTF-8 对全世界所有国家和地区需要用到的字符进行了编码,以 1 个字节表示英文字符(兼容 ASCII),以 3 个字节表示中文,还有些语言的符号使用 2 个字节(例如俄语和希腊语符号)或 4 个字节表示。

不同编码格式之间差异较大,采用不同的编码格式意味着不同的表示和存储形式,把同一字符写入文件时,写入的内容可能会不同。在试图理解其内容时,必须了解编码规则并进行正确的解码,如果解码方法不正确就无法还原信息。从这个角度来讲,字符串编码也具有加密的效果。

字符串是有序不可变序列类型,支持双向索引。同时还支持比较、连接、重复、切片、成员运算等操作,序列常用内置函数 max()、min()、len()、sorted()、reversed()等对字符串同样适用。

```
>>> s1 = "hello"
>>> s2 = "python"
>>> s1 > s2                    # 字符串的比较
False
>>> s1 + s2                    # 字符串的连接
'hellopython'
>>> s1 * 3                     # 字符串的重复
'hellohellohello'
>>> s1[1:3]                    # 切片操作
'el'
>>> s1[::2]                    # 切片操作
'hlo'
>>> "H" in s1                  # 成员运算
False
>>> max(s1)                    # 求最大值
'o'
>>> len(s1)                    # 求字符串长度
5
```

微课 4-23：字符串基本操作

Python 3.x 完全支持中文字符，默认使用 UTF-8 编码格式，无论是一个数字、英文字母，还是一个汉字，都按一个字符对待和处理。

```
>>> len('欢迎学习 Python!')          # 中文与英文字符都算一个字符
11
```

2. 字符串常用方法

（1）find( )和 rfind()方法

格式：find|rfind(sub[,start[,end]])

微课 4-24：字符串的查找与统计

功能：查找一个字符串在另一个字符串指定范围（默认是整个字符串）内出现的位置，如果不存在，则返回-1。参数 sub 表示要查找的字符串，start 表示起始位置，end 表示结束位置(不包括结束位置在内)。如果只指定起始位置，没有指定结束位置，则默认从起始位置一直到最后。find()方法用于查找首次出现的位置，rfind()方法用于查找最后一次出现的位置。

```
>>> str_demo = 'I love study.I love Python'
>>> str_demo.find('o')        # 在整个字符串内查找首次出现的位置
3
>>> str_demo.find('o',10)     # 从指定位置开始查找
16
>>> str_demo.find('o',5,8)    # 在指定范围下标为[5,8)内查找
-1
>>> str_demo.rfind('o')       # 从右侧开始查找
```

```
24
>>> str_demo.rfind('o',-10,-6)
16
>>> str_demo.rfind('o',-4)
24
```

（2）index()和 rindex()方法

格式：index|rindex(sub[,start[,end]])

功能：返回一个字符串在另一个字符串指定范围（默认是整个字符串）内出现的位置，如果不存在，则抛出异常。index()方法用于返回首次出现的位置，rindex()方法用于返回最后一次出现的位置。

```
>>> str_demo = 'I love study.I love Python'
>>> str_demo.index('o')                # 返回首次出现的位置
3
>>> str_demo.rindex('o')               # 返回最后一次出现的位置
24
>>> str_demo.index('o',1,20)           # 在指定范围内查找首次出现的位置
3
>>> str_demo.rindex('o',1,20)          # 在指定范围查找最后一次出现的位置
16
>>> str_demo.rindex('o',-5)
24
>>> str_demo.index('o',-5,-10)         # 指定范围不存在
Traceback (most recent call last):
  File "<pyshell#18>", line 1, in <module>
    str_demo.index('o',-5,-10)
ValueError: substring not found
>>> str_demo.rindex('o',-10,-5)        # 正确的范围表示应是起始值小于结束值
16
```

（3）count()方法

格式：count(sub[,start[,end]])

功能：返回一个字符串在另一个字符串指定范围（默认是整个字符串）内出现的次数。

```
>>> str_demo = 'I love study.I love Python'
>>> str_demo.count('o')
3
>>> str_demo.count('o',1,5)
1
>>> str_demo.count('o',5,10)
0
```

```
>>> str_demo.count('o',5)
2
```

微课 4-25：字符
串的分割方法

（4）split()和 rsplit()方法

格式：split|rsplit(sep=None,maxsplit=-1)

功能：以指定字符为分隔符（如果不指定分隔符，则字符串中的任何空白符号如空格、换行符、制表符等都将被认为是分隔符），将字符串分割成多个字符串，并返回包含分割结果的列表。split()方法用于从字符串左侧开始分割，rsplit()方法用于从字符串右则开始分割。maxsplit 用于指定最大分割次数。

```
>>> str_demo = 'I love study\nI love Python'
>>> str_demo.split(' ')           # 以空格作为分隔符，从左侧开始分割
['I', 'love', 'study\nI', 'love', 'Python']
>>> str_demo.rsplit(' ')          # 以空格作为分隔符，从右侧开始分割
['I', 'love', 'study\nI', 'love', 'Python']
>>> str_demo.split()              # 不指定分隔符
['I', 'love', 'study', 'I', 'love', 'Python']
>>> str_demo.split('\n')          # 以\n 作为分隔符，从左侧开始分割
['I love study', 'I love Python']
>>> str_demo.split(' ',2)         # 以空格作为分隔符，最大分割次数为 2
['I', 'love', 'study\nI love Python']
```

（5）partition()和 rpartition()方法

格式：partition|rpartition(sep)

功能：以指定字符串为分隔符，将原字符串分割为 3 部分，即分隔符前的字符串、分隔符字符串、分隔符后的字符串。partition()方法用于从左边开始分割，rpartition()方法则用于从右边开始分割。如果指定的分隔符不在原字符串中，则返回包含原字符串和两个空字符串的元组（partition()方法的结果是先返回原字符串，再返回两个空字符串，rpartition()方法的结果是先返回两个空字符串，再返回原字符串）。

```
>>> str_demo = 'This is a test'
>>> str_demo.partition('is')      # 以 is 作为分隔符，从左侧开始分割
('Th', 'is', ' is a test')
>>> str_demo.rpartition('is')     # 以 is 作为分隔符，从右侧开始分割
('This ', 'is', ' a test')
>>> str_demo.partition('this')    # 以 this 作为分隔符，从左侧开始分割
('This is a test', '', '')
>>> str_demo.rpartition('this')   # 以 this 作为分隔符，从右侧开始分割
('', '', 'This is a test')
```

（6）join()方法

格式：分隔符.join(可迭代对象)

功能：用指定的分隔符将可迭代对象中所有元素（须为字符串）连接成一个字符串。可迭代对

象的元素必须是字符串类型，否则会出错。

```
>>> '-'.join(['red','green','white','blue'])
'red-green-white-blue'
>>> '*'.join('1234')
'1*2*3*4'
>>> '-'.join([1,2,3,4])
Traceback (most recent call last):
  File "<pyshell#39>", line 1, in <module>
    '-'.join([1,2,3,4])
TypeError: sequence item 0: expected str instance, int found
```

微课 4-26：字符串的连接方法

提示 利用 join()和 split()方法可删除一个字符串中多余的空白字符。

```
>>> str_demo = 'I          love      Python!'
>>> ''.join(str_demo.split())        # 删除所有的空格
'IlovePython!'
>>> ' '.join(str_demo.split())       # 保留一个空格
'I love Python!'
```

（7）lower()、upper()、capitalize()、title()和 swapcase()方法

功能：这几个方法分别用来将字符串转换为小写、大写、首字母大写、每个单词首字母大写及大小写互换。转换后的结果作为新字符串返回，并不对原字符串做任何修改。

```
>>> str_demo = 'We all love Python!'
>>> str_demo.lower()          # 转换为小写
'we all love python!'
>>> str_demo.upper()          # 转换为大写
'WE ALL LOVE PYTHON!'
>>> str_demo.capitalize()     # 首字母大写
'We all love python!'
>>> str_demo.title()          # 每个单词首字母大写
'We All Love Python!'
>>> str_demo.swapcase()       # 大小写互换
'wE ALL LOVE pYTHON!'
>>> str_demo                  # 原字符串并没有改变
'We all love Python!'
```

微课 4-27：字符串的大小写转换

（8）replace()方法

格式：`replace(old,new[,count])`

功能：字符串替换，默认将字符串中所有的 old 字符串替换成 new 字符串，如指定替换次数

count，则只替换指定的次数。替换后的结果作为新字符串返回，原字符串并不会改变。

```
>>> str_demo = 'I like study. I like Python.'
>>> str_demo.replace('like','love')          # 替换所有
'I love study. I love Python.'
>>> str_demo.replace('like','love',1)         # 只替换一次
'I love study. I like Python.'
>>> str_demo                                   # 原字符串并没有改变
'I like study. I like Python.'
```

（9）maketrans()和 translate()方法

功能：maketrans()方法用来生成字符映射表，而 translate()方法则用来根据映射表中定义的对应关系替换字符串。这两个方法的组合可用来快速对若干字符（不管是连续还是非连续的）进行替换，而 replace()方法只能对连续的字符进行替换。

```
>>> source = 'abc'                            # 原字符
>>> destination = '123'                       # 目标字符
>>> s1 = 'dacebaf'
>>> t1 = ''.maketrans(source,destination)     # 生成映射表
>>> t1                        # 映射表是字典，键表示原字符，值为替换后的字符
{97: 49, 98: 50, 99: 51}
>>> s1.translate(t1)                           # 根据映射表进行替换
'd13e21f'
```

（10）strip()、rstrip()和 lstrip()方法

功能：分别用来删除字符串两侧、右侧、左侧的连续空白字符或指定字符。

```
>>> ' \n ab cd \n '.strip()                    # 删除两侧空白字符
'ab cd'
>>> ' \n ab cd \n '.lstrip()                   # 删除左侧空白字符
'ab cd \n '
>>> ' \n ab cd \n '.rstrip()                   # 删除右侧空白字符
' \n ab cd'
>>> 'aaabbaadeaa'.strip('a')                   # 删除两侧指定字符
'bbaade'
>>> 'aaabbaadeaa'.lstrip('a')                  # 删除左侧指定字符
'bbaadeaa'
>>> 'aaabbaadeaa'.rstrip('a')                  # 删除右侧指定字符
'aaabbaade'
```

lstrip()方法也可用于删除一组字符，这一组字符不是指前缀，也即不必和给定的字符串完全一样才删除，只要左侧的字符有在指定字符串出现就删除。传入的参数表示的实际是字符列表，rstrip()和 strip()方法同样也是如此。

```
>>> 'cccaafdaa'.lstrip('acd')                  # 删除左侧出现在['a', 'c', 'd']中的字符
```

```
'fdaa'
>>> 'cccaafdaa'.lstrip('adc')          # 与上一条语句等价
'fdaa'
>>> 'cccaafdaa'.rstrip('acd')          # 删除右侧出现在['a', 'c', 'd']中的字符
'cccaaf'
>>> 'cccaafdaa'.rstrip('dac')          # 与上一条语句等价
'cccaaf'
>>> 'cccaafdaa'.strip('acd')           # 删除两侧出现在['a', 'c', 'd']中的字符
'f'
```

（11）eval()方法

功能：把字符串形式的合法表达式转换成表达式并求值。参数类型必须是字符串，否则会抛出异常。

```
>>> eval('5 + 6')
11
>>> eval(5 + 6)              # 参数不为字符串，抛出异常
Traceback (most recent call last):
  File "<pyshell#17>", line 1, in <module>
    eval(5 + 6)
TypeError: eval() arg 1 must be a string, bytes or code object
```

微课 4-30：eval()
方法的使用

当用 input()函数接收用户输入时，系统默认的都是字符型数据，这时也可利用 eval()方法将其转换成原来的类型。对于简单数据类型(如数字、布尔型)，系统会自动识别其类型。

```
>>> test = eval(input('enter something:'))
enter something:23              # 输入整数
>>> type(test)
<class 'int'>                   # 自动识别转换成整型
>>> test = eval(input('enter something:'))
enter something:3.4             # 输入浮点数
>>> type(test)
<class 'float'>                 # 自动识别转换成浮点型
>>> test = eval(input('enter something:'))
enter something:3+4j            # 输入复数
>>> type(test)
<class 'complex'>               # 自动识别转换成复数
>>> test = eval(input('enter something:'))
enter something:True            # 输入逻辑值
>>> type(test)
<class 'bool'>                  # 自动识别转换成布尔型
```

对于简单数据类型也可用 int()、float()、complex()、bool()等转换函数进行转换，但是对于列表、元组等，如果用 list()或 tuple()函数转换，其转换后的结果可能并不是我们需要的，这时就可用

eval()方法来进行转换。

```
>>> test = list(input('enter something:'))
enter something:[1,2,3]
>>> test
['[', '1', ',', '2', ',', '3', ']']    # 采用list()转换后的结果
>>> test = eval(input('enter something:'))
enter something:[1,2,3]
>>> test
[1, 2, 3]                              # 采用eval()转换后的结果
```

微课 4-31:
startswith()和
endswith()方法

（12）startswith()和 endswith()方法

格式：`startswith|endswith(sub[,start[,end]])`

功能：判断字符串是否以指定字符串开始或结束，参数 start、end 用来限定字符串的检测范围为[start,end)，即 end 位置不包括在内。end 省略时表示从起始位置检测到最后，未指定检测范围则默认检测整个字符串。

```
>>> str_demo = 'We all love study'
>>> str_demo.startswith('We')         # 检测是否以指定字符串开始，不指定检测范围
True
>>> str_demo.startswith('We',2)       # 检测是否以指定字符串开始，指定检测范围
False
>>> str_demo.startswith('a')
False
>>> str_demo.startswith('a',3)
True
>>> str_demo.endswith('dy')           # 检测是否以指定字符串结束，不指定检测范围
True
>>> str_demo.endswith('dy',0,7)       # 检测是否以指定字符串结束，指定检测范围
False
```

（13）center()、ljust()、rjust()和 zfill()方法

功能：center()、ljust()、rjust()方法用于返回指定宽度的新字符串，原字符串居中、左对齐或右对齐出现在新字符串中，如果指定宽度大于字符串长度，则使用指定的字符（默认为空格）进行填充。zfill()方法用于返回指定宽度的字符串，在左侧以字符 0 进行填充。

微课 4-32：字符
串对齐方法

```
>>> 'I love Python!'.center(20)       # 居中对齐，以空格进行填充
'   I love Python!   '
>>> 'I love Python!'.center(20,'=')    # 居中对齐，以指定符号=进行填充
'===I love Python!==='
>>> 'I love Python!'.ljust(20)        # 左对齐，以空格进行填充
'I love Python!      '
```

```
>>> 'I love Python!'.ljust(20,'=')        # 左对齐，以指定符号=进行填充
'I love Python!======'
>>> 'I love Python!'.rjust(20)             # 右对齐，以空格进行填充
'     I love Python!'
>>> 'I love Python!'.rjust(20,'=')         # 右对齐，以指定符号=进行填充
'======I love Python!'
>>> 'I love Python!'.zfill(20)             # 左侧以 0 填充
'000000I love Python!'
>>> 'I love Python!'.zfill(20,'=')         # zfill()不能自行指定填充字符
Traceback (most recent call last):
  File "<pyshell#49>", line 1, in <module>
    'I love Python!'.zfill(20,'=')
TypeError: zfill() takes exactly 1 argument (2 given)
```

（14）字符串检测方法

字符串对象内置了若干检测方法，常用的方法如下。

● isalnum()方法

功能：检测字符串是否全由字母和数字组成，是则返回 True，否则返回 False。

```
>>> 'abc123'.isalnum()
True
>>> 'abc.123'.isalnum()
False
>>> '12'.isalnum()
True
>>> '1.2'.isalnum()
False
>>> 'aA'.isalnum()
True
```

● isalpha()方法

功能：检测字符串是否全为字母，是则返回 True，否则返回 False。

```
>>> 'abAB12'.isalpha()
False
>>> 'abAB'.isalpha()
True
```

● isdigit()、isdecimal()和 isnumeric()方法

功能：检测字符串是否为数字。

Python 中支持的数字有 5 种：Unicode 数字、全角数字（双字节）、byte 数字（单字节）、罗马数字和汉字数字。

isdigit()方法用于检测字符串是否全为数字字符，当为 Unicode 数字、全角数字（双字节）、byte

微课 4-33：字符
串检测方法

91

数字（单字节）时返回 True。

isdecimal()方法用于检测字符串是否只包含十进制字符，当为 Unicode 数字、全角数字（双字节）时返回 True。

isnumeric()方法用于检测字符串是否为数字，当为 Unicode 数字、全角数字（双字节）、罗马数字、汉字数字时为 True。

```
>>> num = '1'                    # Unicode 数字
>>> num.isdigit()
True
>>> num.isdecimal()
True
>>> num.isnumeric()
True
>>> num = '1'                    # 全角数字
>>> num.isdigit()
True
>>> num.isdecimal()
True
>>> num.isnumeric()
True
>>> num = b'1'                   #  byte 数字
>>> num.isdigit()
True
>>> num.isdecimal()
Traceback (most recent call last):
  File "<pyshell#74>", line 1, in <module>
    num.isdecimal()
AttributeError: 'bytes' object has no attribute 'isdecimal'
>>> num.isnumeric()
Traceback (most recent call last):
  File "<pyshell#75>", line 1, in <module>
    num.isnumeric()
AttributeError: 'bytes' object has no attribute 'isnumeric'
>>> num = 'IV'                   # 罗马数字
>>> num.isdigit()
False
>>> num.isdecimal()
False
>>> num.isnumeric()
```

```
True
>>> num = '五'                   # 汉字数字
>>> num.isdigit()
False
>>> num.isdecimal()
False
>>> num.isnumeric()
True
```

● isspace()方法

功能：检测字符串是否全为空白字符（空格、换行符"\n"、制表符"\t""\v"等都为空白字符），是则返回 True，否则返回 False。

```
>>> '\t \v \n'.isspace()
True
>>> '\t \v \n a'.isspace()
False
```

● isupper()方法

功能：检测字符串是否全为大写字母，是则返回 True，否则返回 False。

```
>>> 'APPLE'.isupper()
True
>>> 'Apple'.isupper()
False
```

● islower()方法

功能：检测字符串是否全为小写字母，是则返回 True，否则返回 False。

```
>>> 'apple'.islower()
True
>>> 'Apple'.islower()
False
```

微课 4-34：字符串编码与解码

（15）encode()和 decode()方法

功能：字符串编码和解码。

Python 除了支持 Unicode 编码的字符串类型之外，还支持字节串类型。字符串可通过 encode()方法使用指定的字符串编码格式编码成字节串，而字节串可通过 decode()方法使用正确的解码格式解码成字符串。

```
>>> str_demo = '中国'
>>> str_demo.encode()                        # 采用默认 UTF-8 编码格式编码
b'\xe4\xb8\xad\xe5\x9b\xbd'
>>> b'\xe4\xb8\xad\xe5\x9b\xbd'.decode()      # 采用默认 UTF-8 编码格式解码
'中国'
>>> str_demo.encode('gbk')                    # 采用 GBK 编码格式编码
```

```
b'\xd6\xd0\xb9\xfa'
>>> b'\xd6\xd0\xb9\xfa'.decode('gbk')          # 采用 GBK 编码格式解码
'中国'
>>>b'\xd6\xd0\xb9\xfa'.decode()         #解码时的编码格式须与编码时编码格式一致，否则会抛出异常
Traceback (most recent call last):
  File "<pyshell#113>", line 1, in <module>
    b'\xd6\xd0\xb9\xfa'.decode()
UnicodeDecodeError: 'utf-8' codec can't decode byte 0xd6 in position 0: invalid
continuation byte
```

字符串的编码与解码也可通过 bytes()和 str()转换函数来进行。

```
>>> bytes('中国','utf-8')
b'\xe4\xb8\xad\xe5\x9b\xbd'
>>> str(b'\xe4\xb8\xad\xe5\x9b\xbd','utf-8')
'中国'
>>> bytes('中国','gbk')
b'\xd6\xd0\xb9\xfa'
>>> str(b'\xd6\xd0\xb9\xfa','gbk')
'中国'
```

3. 字符串常量

Python 标准库 string 中定义了数字字符常量 digits、标点符号常量 punctuation、英文字母常量 ascii_letters、大写字母常量 ascii_uppercase 和小写字母常量 ascii_lowercase 等常用字符串常量。

```
>>> import string
>>> string.digits                              # 数字字符常量
'0123456789'
>>> string.punctuation                         # 标点符号常量
'!"#$%&\'()*+,-./:;<=>?@[\\]^_`{|}~'
>>> string.ascii_letters                       # 英文字母常量
'abcdefghijklmnopqrstuvwxyzABCDEFGHIJKLMNOPQRSTUVWXYZ'
>>> string.ascii_lowercase                     # 小写字母常量
'abcdefghijklmnopqrstuvwxyz'
>>> string.ascii_uppercase                     # 大写字母常量
'ABCDEFGHIJKLMNOPQRSTUVWXYZ'
```

微课 4-35：字符
串常量

4. 字符串应用示例

【例 4-10】 统计一个字符串中各英文字母出现的次数。

```
str_demo = 'I have 1 book.She has 2 books.'
result = {ch:str_demo.count(ch) for ch in str_demo if ch.isalpha()}
print('各英文字母出现的次数为：')
for k in result:
```

```
    print(k,result[k],sep = ':',end = ' ')
```

【运行结果】

各英文字母出现的次数为:

```
I:1 h:3 a:2 v:1 e:2 b:2 o:4 k:2 S:1 s:2
```

上述代码是将大小写字母分开统计，如果想将大小写字母看作一个字母来统计，则可将代码进行如下修改。

```
str_demo = 'I have 1 book.She has 2 books.'
str_demo = str_demo.lower()
result = {ch:str_demo.count(ch) for ch in str_demo if ch.isalpha()}
print('各英文字母出现的次数为: ')
for k in result:
    print(k,result[k],sep = ':',end = ' ')
```

[运行结果]

各英文字母出现的次数为:

```
i:1 h:3 a:2 v:1 e:2 b:2 o:4 k:2 s:3
```

【例 4-11】 生成 5 组由字母和数字构成的 10 位随机密码。

【分析】从序列中随机选择元素可利用系统标准模块 random 中的 choice()或 sample()函数来实现。choice(序列)可从序列中随机选择一个元素，sample(序列,k)可从序列中随机选择 k 个元素。

方法 1: 利用 choice()函数实现。

```
from string import ascii_letters, digits
from random import choice


x = ascii_letters + digits
for i in range(5):
    print(''.join([choice(x) for j in range(10)]))
```

【运行结果】

```
avSS1mXhXr
jIF8uRuxiO
TUIwQExQE4
kqlWDN2CI2
1AxD2fOKlH
```

方法 2: 利用 sample()函数实现。

```
from string import ascii_letters, digits
from random import sample


x = ascii_letters + digits
for i in range(5):
    print(''.join(sample(x,10)))
```

【例 4-12】 利用凯撒加密算法实现数据的加密。凯撒加密算法原理：把每个英文字母变为其后面的第 k 个字母。k 可根据需要自由指定，如 k 为 3，则表示将 A 变为 D，B 变为 E，C 变为 F……依次类推，小写字母也一样。

```python
from string import ascii_lowercase as lowers
from string import ascii_uppercase as uppers
from string import ascii_letters as letters

k = int(input('enter k:'))
text = 'She has 2 sisters.'
destination = lowers[k:] + lowers[:k] + uppers[k:] + uppers[:k]
table = ''.maketrans(letters,destination)
cipher = text.translate(table)
print('明文是: %s\n密文是: %s'%(text,cipher))
```

【运行结果】

```
enter k:13
明文是:  She has 2 sisters.
密文是:  Fur unf 2 fvfgref.
```

【例 4-13】 在一个字符串中包含若干用逗号分隔的天气，如"sunny,windy,sunny,rainy…"，统计每种天气出现的次数。

```python
weather = 'sunny,windy,sunny,rainy,rainy,windy,sunny,windy,sunny,windy'
wlist = weather.split(',')
result = {w:wlist.count(w) for w in set(wlist)}
print('天气:次数')
for k,v in result.items():
    print(k,v,sep = ':')
```

【运行结果】

```
天气:次数
rainy:2
windy:4
sunny:4
```

4.3　任务实施

4.3.1　课程成绩统计

求每门课程的最高分、最低分和平均分。

【分析】每门课程有若干学生选修，每个学生可选修若干门课程，为便于处理，可将每个学生的信息用字典存放，然后将所有学生的信息用列表存放。也即在列表中存放若干字典。最后借助于字典和列表的操作来实现求课程最高分、最低分和平均分，代码如下。

```
stulist = [{'name':'王芳','chinese':80,'math':90,'english':98},
           {'name':'刘明','chinese':83,'math':89,'english':78},
           {'name':'王月','chinese':78,'math':79,'english':88},
           {'name':'孙朋','chinese':89,'math':59,'english':58},
           {'name':'赵军','chinese':84,'math':87,'english':68},
           {'name':'刘虹','chinese':68,'math':65,'english':76},
           {'name':'王田','chinese':76,'math':84,'english':85},
           {'name':'张涛','chinese':79,'math':76,'english':98},
           {'name':'李宇','chinese':90,'math':97,'english':78} ]
#求各门课程平均分
chinese_avg = sum([stu['chinese'] for stu in stulist])/len(stulist)
math_avg = sum([stu['math'] for stu in stulist])/len(stulist)
english_avg = sum([stu['english'] for stu in stulist])/len(stulist)
#求各门课程最高分
chinese_max = max([stu['chinese'] for stu in stulist])
math_max = max([stu['math'] for stu in stulist])
english_max = max([stu['english'] for stu in stulist])
#求各门课程最低分
chinese_min = min([stu['chinese'] for stu in stulist])
math_min = min([stu['math'] for stu in stulist])
english_min = min([stu['english'] for stu in stulist])
#输出结果
head_format = '{:8}\t{:8}\t{:8}\t{:8}'
con_format = '{:8}\t{:^8.2f}\t{:^8}\t{:^8}'
print(head_format.format('课程名','平均分','最高分','最低分'))
print(con_format.format('语文',chinese_avg,chinese_max,chinese_min))
print(con_format.format('数学',math_avg,math_max,math_min))
print(con_format.format('英语',english_avg,english_max,english_min))
```

【运行结果】

课程名	平均分	最高分	最低分
语文	80.78	90	68
数学	80.67	97	59
英语	80.78	98	58

4.3.2　成绩排序

将学生成绩按总分降序排列。

【分析】仍然是采用字典来存放单个学生的信息，利用列表来存放所有学生的信息。首先求出每个学生的总分，然后利用列表的排序功能实现学生成绩的降序排列。代码如下。

```python
from operator import itemgetter


stulist = [{'name':'王芳','chinese':80,'math':90,'english':98},
          {'name':'刘明','chinese':83,'math':89,'english':78},
          {'name':'王月','chinese':78,'math':79,'english':88},
          {'name':'孙朋','chinese':89,'math':59,'english':58},
          {'name':'赵军','chinese':84,'math':87,'english':68},
          {'name':'刘虹','chinese':68,'math':65,'english':76},
          {'name':'王田','chinese':76,'math':84,'english':85},
          {'name':'张涛','chinese':79,'math':76,'english':98},
          {'name':'李宇','chinese':90,'math':97,'english':78} ]
#求每个学生的总分
for stu in stulist:
    stu['total'] = stu['chinese'] + stu['math'] + stu['english']
#按总分降序排列
stulist.sort(key = itemgetter('total'),reverse = True)
#输出结果
print('{:6}\t{:6}'.format('姓名','总分'))
for stu in stulist:
    print('{:6}\t{:<6}'.format(stu['name'],stu['total']))
```

【运行结果】

姓名	总分
王芳	268
李宇	265
张涛	253
刘明	250
王月	245
王田	245
赵军	239
刘虹	209
孙朋	206

4.4 任务小结

通过本任务的学习，我们了解和掌握了 Python 中列表、元组、字典、集合和字符串的使用方法，能够利用这些序列高效处理各种批量数据。"诚信、友善"是我们的做人准则，"优雅、明确、简单"则是 Python 的设计原则，善用各种推导式可使程序更加简洁、高效。

4.5 练习题

一、填空题

1. 表达式 "[3] in [1, 2, 3, 4]" 的值为_____。

2. 切片操作 list(range(6))[::2]执行结果为_____。

3. 已知 x = {1:2}，那么执行语句 x[2] = 3 之后，x 的值为_____。

4. 表达式 {1, 2, 3, 4} − {3, 4, 5, 6}的值为_____。

5. 已知 x = [3, 5, 7]，那么表达式 x[10:]的值为_____。

6. 表达式 [x for x in [1,2,3,4,5] if x<3] 的值为_____。

7. 已知 x = {'a':'b', 'c':'d'}，那么表达式 'b' in x 的值为_____。

8. 已知 x = [3, 7, 5]，那么执行语句 x = x.sort(reverse=True)之后，x 的值为_____。

9. 表达式 len('abc'.ljust(20)) 的值为_____。

10. 已知 x = {1:2, 2:3}，那么表达式 x.get(2, 4) 的值为_____。

二、判断题

1. 列表、元组、字符串是 Python 中的有序序列。 （　　）

2. Python 中列表可以作为字典的"键"。 （　　）

3. 已知 x 为非空列表，那么表达式 sorted(x, reverse=True) == list(reversed(x)) 的值一定是 True。 （　　）

4. Python 列表中所有元素必须为相同类型的数据。 （　　）

5. 假设 x 是含有 5 个元素的列表，那么切片操作 x[10:]是无法执行的，会抛出异常。
（　　）

三、选择题

1. 语句 x = 3==3, 5 执行结束后，变量 x 的值为（　　）。

　　A. (True,5)　　　　B. 5　　　　　　　C. True　　　　D. [True,5]

2. 使用列表推导式生成包含 10 个数字 5 的列表，语句可以写为（　　）。

　　A. [5 for i in range(10)]　　　　B. [5 for i in range(11)]

　　C. [i for i in range(10)]　　　　D. [i for i in range(11)]

3. 使用切片操作在列表对象 x 的开始处增加一个元素 3 的代码为（　　）。

　　A. x[0:0] = [3]　　B. x[0:0] = 3　　C. x[0:1] = [3]　　D. x[0:1] = 3

4. 表达式 ','.join('e　　f　　ccc\n\n\naaa　　'.split()) 的值为（　　）。

　　A. 'e,f,ccc,aaa'　　B. ['e,f,ccc,aaa']　　C. e,f,ccc,aaa　　D. [e,f,ccc,aaa]

5. 已知 x = {1:2, 2:3, 3:4}，那么表达式 sum(x) 的值为（　　）。

　　A. 6　　　　　　　B. 9　　　　　　　C. 15　　　　　D. 20

6. 已知字典 x = {i:str(i+3) for i in range(3)}，那么表达式 ''.join(x.values()) 的值为（　　）。

　　A. 345　　　　　　B. '345'　　　　　C. '12'　　　　D. '012'

7. 已知字典 x = {i:str(i+3) for i in range(3)}，那么表达式 sum(item[0] for item in x.items())

的值为（　　　）。

  A．3   B．6   C．13   D．15

 8．已知 x = [[ ] for i in range(3)]，那么执行语句 x[0].append(1)之后，x 的值为（　　　）。

  A．[[1], [ ], [ ]] B．[[1], [1], [1]] C．[1], [ ], [ ] D．[1], [1], [1]

 9．表达式':'.join('a b c d'.split(maxsplit=2))的值为（　　　）。

  A．'a:b:c d'   B．'a:b:c:d'   C．'a:b c:d'   D．'a b:c:d'

 10．已知字符串编码格式 UTF-8 使用 3 个字节表示一个汉字、1 个字节表示英文字母，那么表达式 len('abc 你好'.encode())的值为（　　　）。

  A．5   B．9   C．6   D．15

四、上机练习题

 1．设有列表[2,3,4,3,2,4,3,2,1,5]，将所有的重复元素只保留一个，即结果为[2,3,4,1,5]。

 2．已知一个列表中存放了若干整数，删除列表中所有的素数。

 3．求从 1~4 中任选 2 个不同数字组成的所有 2 位数。

 4．求从 1~5 中任选 3 个不同数字组成的所有 3 位数。

 5．已知一个字典中包含若干学生信息（每个学生信息有姓名和性别），删除性别为女的学生信息。

 6．统计一个字符串中各数字出现的次数。

 7．一个小组有 5 名学生，其中有 4 名学生参加了美术特长班，有 3 名学生参加了音乐特长班，找出美术、音乐两个特长班都参加的学生，找出一个特长班也没参加的学生。

 8．输入一个字符串，将下标为偶数的字符提取出来合并成一个新字符串 A，再将下标为奇数的字符提取出来合并成一个新的字符串 B，然后将 A 和 B 连接起来输出。

 9．输入一个字符串，将字符串中的所有字母全部向后移动一位，将最后一个字母放到字符串的开头，将新的字符串输出。

 10．生成 5 组包含数字和小写字母的 6 位密码。

 11．利用凯撒加密算法实现数据的加密和解密。

 12．已知一个字符串中存放了若干用空格分隔的单词，统计每个单词出现的次数。

4.6 拓展实践项目——统计批量商品销售数据

  商品信息管理系统的商品销量统计模块需要完成批量商品的销量统计。请统计前 3 个季度的最高销量、最低销量和平均销量。

任务5
学生基本信息管理模块实现 05

学习目标

- 了解函数的作用。
- 理解函数参数的传递、变量的作用域。
- 掌握自定义函数的定义与调用方法。
- 掌握匿名函数的使用方法。
- 掌握常用的系统函数的使用方法。

能力目标（含素养要点）

- 能够熟练使用自定义函数（分工合作）。
- 能够熟练使用匿名函数（勤思多练）。
- 能够熟练使用常用系统函数（提升效率）。
- 能够综合应用函数编写程序来解决相应的问题（知行合一）。

5.1 任务描述

本任务主要是实现学生基本信息管理模块中学生信息的添加、删除、修改和显示功能。要求每个功能利用单独的函数来实现。完成本任务需要了解和掌握 Python 中自定义函数和常用系统函数的使用方法。

5.2 技术准备

函数是组织好的、可重复使用的、用来实现某一功能的代码段。

软件开发过程中，经常有很多操作是完全相同或者相似的，仅仅是处理的数据不同而已。此时就可将这些需要反复执行的代码封装成函数，然后在需要的地方调用封装好的函数即可。通过使用函数不仅可提高代码的重用度，同时也方便代码的维护。

函数可分为两大类，一类是系统提供的函数，如 input()、print()等，这些函数的功能已经由系统事先定义好了，用户可直接调用。另一类函数是用户自定义函数，即用户可以根据自己的需要自行定义函数，然后通过调用函数来实现相应的功能。

5.2.1　函数的定义与调用

1. 函数的定义

微课 5-1：函数的
定义与调用

在 Python 中，自定义函数的定义语法如下。

```
def 函数名([形参表]):
    函数体
```

说明如下。

① 函数代码块以 def 关键字开头，后跟函数名、圆括号和冒号，然后是函数体。函数体相对于 def 关键字有一定的缩进。

② 函数的命名规则与变量命名规则相同。

③ [形参表]为可选项，即函数可以有参数，也可以没有参数。即使没有参数，函数名后面的圆括号也不能省略。

④ 函数体中可利用 return [表达式] 返回值给调用方，return 不带表达式或没有 return 语句时，系统会自动返回 None。

⑤ 在定义函数时，为提高代码可读性，可以在函数体开头加上注释来说明函数的功能。

2. 函数的调用

函数定义好后，就可以在程序中使用这一函数，这称为函数的调用。

函数调用格式：函数名([实参表])

【例 5-1】 利用自定义函数求两个数的平均值。

方法 1：函数的定义和调用都在一个文件中。

```
def avg(n1,n2):
    '''求两个数的平均值'''
    return (n1 + n2) / 2


print(avg(3,4))     # 函数调用
```

【运行结果】

```
3.5
```

方法 2：交互模式下进行函数的定义和调用。

函数的定义和调用既可以写在程序文件中，也可以直接在交互模式中进行。在交互模式下，函数定义完后须按两次"Enter"键才能执行该语句。

```
>>> def avg(n1,n2):
        return (n1 + n2) / 2


>>> avg(3,4)
3.5
```

这种方法仅用于测试。在交互模式下进行函数定义时，编辑、修改起来不方便，不建议使用。

方法 3：将函数定义写在程序文件中，在交互模式下进行函数的调用。

```
def avg(n1,n2):
    '''求两个数的平均值'''
    return (n1 + n2) / 2
```

将上述代码保存运行后，在交互模式下进行函数的调用。

```
>>> avg(3,4)
3.5
>>> avg(2,4)
3.0
```

这种方法比较适合函数功能的测试，实际中应用较多。

 提示　采用这种方法时要先运行函数定义所在的程序文件，然后才能在交互模式下调用函数。

【例 5-2】　利用自定义函数输出如下信息。

```
********************
学生信息管理系统
********************
```

函数定义代码如下。

```
def print_head():
    print('*' * 20)
    print('学生信息管理系统')
    print('*' * 20)


print_head()  # 函数调用
```

Python 中函数可以有返回值，也可以没有返回值。当有返回值时，返回值可以是一个，也可以是多个。当返回值有多个时，调用时如果要将其赋给变量时，则要么赋给一个变量（此变量相当于一个元组），要么赋给若干个变量（个数须与返回值个数相对应），系统会自动将其依次赋值给每个变量。

【例 5-3】　利用自定义函数求一个数的平方、3 次方和 4 次方。

函数定义部分代码如下。

```
def fun_demo(n):
    return n**2,n**3,n**4
```

交互模式下进行函数调用。

```
>>> fun_demo(2)
(4, 8, 16)
>>> x = fun_demo(2)            # 将返回值赋给一个变量
>>> x
```

```
(4, 8, 16)
>>> x1, x2, x3 = fun_demo(2)          # 将返回值赋给多个变量
>>> x1
4
>>> x2
8
>>> x3
16
```

5.2.2 函数参数

1. 参数传递

在 Python 中，进行函数调用时，实参向形参的数据传递是单向传递，也即将实参数据传递给形参，而不能由形参传回给实参。

当函数获得实参后，如果函数体内部有对形参的改变，函数体内对形参的改变是否会影响到实参，这取决于传递的参数类型。在 Python 中，像字符串、元组、数字等是不可更改的对象，称之为不可变类型，而列表、字典等是可以修改的对象，称之为可变类型。如果传递的数据是不可变类型时，那么在函数体内对形参的修改不会影响到实参；如果传递的是可变类型时，那么在函数体内对形参的修改可能会影响到实参。

```
>>> def fun_test1(n):
        n = 10
>>> m = 5                             # m 为不可变类型
>>> fun_test1(m)
>>> m                                 # 函数调用后其值没有改变
5
```

微课 5-2：函数的
参数传递

```
>>> def fun_test2(n):
        n.append(5)
>>> m = [1,2,3]                       # m 为可变类型
>>> fun_test2(m)
>>> m                                 # 函数调用后其值发生了改变
[1, 2, 3, 5]
```

2. 参数形式

Python 中函数的参数形式有位置参数、关键字参数、默认值参数和不定长参数 4 种。

（1）位置参数

位置参数是较常用的一种，也称为必需参数。函数调用时，实参须以正确的顺序传给形参。实参数量必须和形参数量一样。

```
>>> def func_demo1(n1,n2):
```

```
        print('n1=%d,n2=%d'%(n1,n2))
```

```
>>> func_demo1(3,4)                    # 采用位置参数，数量、顺序一一对应
n1=3,n2=4
>>> func_demo1(4,3)
n1=4,n2=3
>>> func_demo1(3)                      # 采用位置参数，实参数量与形参数量须相同
Traceback (most recent call last):
  File "<pyshell#145>", line 1, in <module>
    func_demo1(3)
TypeError: func_demo1() missing 1 required positional argument: 'n2'
```

微课 5-3：函数的
参数类型

（2）关键字参数

函数调用时，使用关键字参数来确定传入的参数值。使用关键字参数允许函数调用时参数的顺序与声明时的不一致，因为 Python 解释器能够用参数名匹配参数值。

```
>>> def func_demo2(name,score):
        print('name:%s,score:%d'%(name,score))


>>> func_demo2('李军',80)                    # 使用位置参数调用
name:李军,score:80
>>> func_demo2(name = '李军',score = 80)      # 使用关键字参数调用
name:李军,score:80
>>> func_demo2(score = 80, name = '李军')     # 使用关键字参数调用，次序任意
name:李军,score:80
```

（3）默认值参数

在定义函数时，可以给参数赋一个默认值。函数调用时，如果该参数没有被传递值，将使用该默认值。默认值参数必须出现在函数参数列表的最右端。

```
>>> def func_demo3(name,score = 60):
        print('name:%s,score:%d'%(name,score))


>>> func_demo3('李军')                       # 使用默认值参数调用
name:李军,score:60
>>> func_demo3('李军',80)                    # 使用位置参数调用
name:李军,score:80
>>> func_demo3(score = 90,name = '李军')      # 使用关键字参数调用
name:李军,score:90
```

（4）不定长参数

当需要一个函数能处理比当初声明时更多的参数时，就可用不定长参数（或称为可变长度参数）。不定长参数在函数定义时主要有两种形式，即"*变量名"和"**变量名"，用以接收不定长参数。

前者用于接收任意多个实参并将其放在一个元组中，后者接收类似于关键字参数一样显式赋值形式的多个实参并将其放于一个字典中。

```
>>> def func_demo4(arg1,*arg2):          # 第一个参数为位置参数，第二个为不定长参数
        print('arg1={},arg2={}'.format(arg1,arg2))


>>> func_demo4(3)                        # 只给出位置参数
arg1=3,arg2=()
>>> func_demo4(3,4,5,6,'a')              # 传递 4 个数据给不定长参数
arg1=3,arg2=(4, 5, 6, 'a')
>>> func_demo4(3,4)                      # 传递 1 个数据给不定长参数
arg1=3,arg2=(4,)
>>> func_demo4()                         # 位置参数必须给出，否则会抛出异常
Traceback (most recent call last):
  File "<pyshell#157>", line 1, in <module>
    func_demo4()
TypeError: func_demo4() missing 1 required positional argument: 'arg1'
```

如果函数调用时希望以类似关键字参数形式来传参，参数个数任意，则可用双星号 "**" 形式的不定长参数。函数调用时关键字参数名可自由指定。

```
>>> def func_demo5(arg1,**arg2):         # 接收的不定长参数放于字典中
        print('arg1={},arg2={}'.format(arg1,arg2))


>>> func_demo5(3)                        # 只给出位置参数
arg1=3,arg2={}
>>> func_demo5(3,x = 5, y = 6)           # 传递 2 个关键字参数，参数名任意
arg1=3,arg2={'x': 5, 'y': 6}
>>> func_demo5(3,score = 70)             # 传递 1 个关键字参数，参数名任意
arg1=3,arg2={'score': 70}
```

不同形式的函数参数可以混合使用，混合使用时应遵循以下原则：

先位置参数，再关键字参数，然后不定长参数（不定长参数中如果*arg 和**arg 同时出现，应先*arg 后**arg）。

3. 序列解包

在调用包含多个参数的函数时，可以使用列表、元组、字典、集合及其他可迭代对象作为实参，通过在实参名前加一个星号 "*"，Python 解释器将自动对其进行解包，然后传递给多个位置形参。对字典进行解包时默认使用字典的键。

```
>>> def func_demo6(x,y,z):
        return x + y + z


>>> func_demo6(*[1,2,3])                 # 列表序列解包
```

微课 5-4：函数的
序列解包

```
6
>>> func_demo6(*(1,2,3))                              # 元组序列解包
6
>>> func_demo6(*{1,2,3})                              # 集合序列解包
6
>>> func_demo6(*{'a':1,'b':2,'c':3})                  # 字典序列解包，解包时默认传递的是键
'abc'
>>> func_demo6(*{'a':1,'b':2,'c':3}.values())         # 字典序列解包，传递其值
6
>>> func_demo6(*range(1,4))                           # 将 range 对象解包
6
```

使用序列解包时实际上参数形式采用的是位置参数，因此序列中元素个数要和形参个数相一致，否则会抛出异常。

```
>>> func_demo6(*[1,2,3,4])                            # 序列中元素个数与形参个数不相等
Traceback (most recent call last):
  File "<pyshell#177>", line 1, in <module>
    func_demo6(*[1,2,3,4])
TypeError: func_demo6() takes 3 positional arguments but 4 were given
```

还可以通过在字典前面加两个星号"**"来对字典进行解包，此时会把字典解包成关键字参数进行传递，将字典的键作为参数名，将字典的值作为参数的值。采用此种方式解包时，字典的键要和函数的形参名相一致，否则会抛出异常。

```
>>> func_demo6(**{'x':1,'y':2,'z':3})                 # 键名与形参名相同，正常解包
6
>>> func_demo6(**{'a':1,'b':2,'c':3})                 # 键名与形参名不同，抛出异常
Traceback (most recent call last):
  File "<pyshell#176>", line 1, in <module>
    func_demo6(**{'a':1,'b':2,'c':3})
TypeError: func_demo6() got an unexpected keyword argument 'a'
```

说明　调用函数时如果对实参使用一个星号"*"进行序列解包，那么这些解包后的实参将会被当作位置参数对待，并且会在关键字参数和使用两个星号"**"进行序列解包的参数之前进行处理。

```
>>> def func_demo7(x,y,z):
        print('x={},y={},z={}'.format(x,y,z))


>>> func_demo7(*(1,2,3))                              # 序列解包
x=1,y=2,z=3
```

```
>>> func_demo7(1,*(2,3))                      # 位置参数和序列解包同时进行
x=1,y=2,z=3
>>> func_demo7(*(1,2),3)
x=1,y=2,z=3
>>> func_demo7(x = 1,*(2,3))                   # 序列解包相当于位置参数，优先处理
Traceback (most recent call last):
  File "<pyshell#183>", line 1, in <module>
    func_demo7(x = 1,*(2,3))
TypeError: func_demo7() got multiple values for argument 'x'
>>> func_demo7(z = 1,*(2,3))                    # 序列解包相当于位置参数，优先处理
x=2,y=3,z=1
>>> func_demo7(**{'x':1},*(2,3))               # 序列解包不能在关键字参数解包之后
SyntaxError: iterable argument unpacking follows keyword argument unpacking
>>> func_demo7(*(2,3),**{'z':1})               # 序列解包须在关键字参数解包之前
x=2,y=3,z=1
```

> **提示**　不定长参数和序列解包都会出现星号"*"和"**"。如何区分出现的星号到底是表示不定长参数还是序列解包？看星号出现的位置。如果出现在函数定义中，即在形参前面，表示的是不定长参数；如果出现在函数调用中，即实参前面，表示的是序列解包。

5.2.3　匿名函数

1. 匿名函数的定义

匿名函数是没有函数名、临时使用的小函数，多用于需要一个函数作为另一个函数的参数的场合。Python 中使用 lambda 表达式来定义匿名函数。

格式：`lambda [arg_list]:expression`

其中，lambda 是 Python 预留的关键字，可选参数 arg_list 为形参列表（形参可以有，也可以没有，与自定义函数定义时相同），4 种参数形式（位置参数、关键字参数、默认值参数、不定长参数）皆可；expression 为函数体，只允许包含一个表达式，不允许包含其他复杂语句，但在表达式中可调用其他函数，以实现较复杂的业务逻辑。

lambda 表达式的结果相当于函数的返回值，可将 lambda 表达式赋值给一个变量，然后使用这个变量来进行函数调用（这里变量就相当于函数名）。

```
>>> total = lambda x, y: x + y              # 将 lambda 表达式赋值给一个变量
>>> total(5,6)                               # 通过变量名来调用函数
11
>>> total = lambda x, y = 10: x + y          # lambda 表达式支持默认值参数
>>> total(5)
15
```

```
>>> total(5,7)
12
>>> total(x = 8, y = 9)                          # lambda 表达式支持关键字参数
17
>>> test = lambda *args: print('args=',args)     # lambda 表达式支持不定长参数
>>> test()
args= ()
>>> test(1,2,3)
args= (1, 2, 3)
>>> test(1)
args= (1,)
>>> test = lambda **args: print('args=',args)
>>> test(x = 1, y = 2)
args= {'x': 1, 'y': 2}
```

微课 5-5：匿名函数的定义

lambda 表达式中可调用其他函数。

```
>>> def func_demo(n):
        return n**2,n**3,n**4


>>> func_demo(2)
(4, 8, 16)
>>> result = lambda n:func_demo(n)
>>> result(2)
(4, 8, 16)
```

2. 匿名函数的使用

匿名函数的使用实际上就是定义一个 lambda 表达式。在实际中，根据这个 lambda 表达式应用场景的不同，可以将 lambda 表达式的用法大体分为以下几种。

① 将 lambda 表达式赋值给一个变量，通过这个变量来调用该匿名函数。

```
>>> total = lambda a,b:a + b      # 将 lambda 表达式赋值给一个变量
>>> total(3,4)                    # 通过变量来调用函数
7
# lambda 表达式可作为列表元素
>>> demo = [lambda x: x**2, lambda x: x**3, lambda x: x**4]
>>> demo[0](2)
4
>>> demo[1](3)
27
>>> demo[2](2)
16
```

微课 5-6：匿名函数的使用

```
>>> demo = {'f1':lambda :2 * 3,'f2':lambda x:2 * x,'f3':lambda x,y:x + y}
>>> demo['f1']()
6
>>> demo['f2'](2)
4
>>> demo['f3'](3,4)
7
```

② 将 lambda 表达式作为其他函数的返回值,返回给调用者。

函数的返回值也可以是函数,例如 return lambda x, y: x + y 返回一个加法函数。这时,lambda 函数实际上是定义在某个函数内部的函数,称为嵌套函数,或者内部函数。

```
>>> def demo():
        return lambda x: x * 2
>>> demo()(3)
6
```

③ 将 lambda 表达式作为参数传递给其他函数。

部分 Python 内置函数可接收函数作为参数,常用的此类内置函数有 map()、sorted()、filter()、reduce()等。在此以 sorted()为例进行说明。

内置函数 sorted()中的参数 key 可用 lambda 表达式来实现较复杂的排序规则。

```
>>> data = [3,5,2,9,10,13,1235,234,45]
>>> sorted(data)
[2, 3, 5, 9, 10, 13, 45, 234, 1235]
>>> sorted(data,key = lambda x:-x)              # 降序排列
[1235, 234, 45, 13, 10, 9, 5, 3, 2]
>>> sorted(data,reverse = True)
[1235, 234, 45, 13, 10, 9, 5, 3, 2]
>>> sorted(data,key = lambda x:len(str(x)))     # 按转换成字符串以后的长度排序
[3, 5, 2, 9, 10, 13, 45, 234, 1235]
```

> **提示** 列表的 sort()方法中的参数 key 同样也支持 lambda 表达式。

```
>>> data = [3,5,2,9,10,13,1235,234,45]
>>> data.sort(key = lambda x:len(str(x)))
>>> data
[3, 5, 2, 9, 10, 13, 45, 234, 1235]
```

lambda 表达式还可用在对类似矩阵形式的数据的排序中。设有矩阵 matrix=[[1, 0, 5, 3, 16], [18, 13, 17, 11, 16], [11, 6, 10, 2, 15], [11, 12, 2, 15, 1], [4, 1, 5, 2, 12]],为便于查看其内容,将其以矩阵形式输出。

```
>>> for line in matrix:
```

```
    print(line)
```

```
[1, 0, 5, 3, 16]                    # 待排序数据
[18, 13, 17, 11, 16]
[11, 6, 10, 2, 15]
[11, 12, 2, 15, 1]
[4, 1, 5, 2, 12]
```

先按矩阵中第 1 列值升序排列，第 1 列有相同值时再按第 5 列值升序排列。

```
>>> result = sorted(matrix, key = lambda col: (col[0], col[4]))
>>> for line in result:
    print(line)
```

```
[1, 0, 5, 3, 16]                    # 排序结果
[4, 1, 5, 2, 12]
[11, 12, 2, 15, 1]
[11, 6, 10, 2, 15]
[18, 13, 17, 11, 16]
```

5.2.4　函数的嵌套与递归

1. 函数的嵌套

　　函数的嵌套包括函数的嵌套调用和嵌套定义，大多数语言中只支持函数的嵌套调用，Python
既支持函数的嵌套调用也支持函数的嵌套定义。函数的嵌套调用是指在定义一个函数时又调用了别
的函数；函数的嵌套定义是指在一个函数的函数体内部还可以再定义一个函数，将定义在某个函数
内部的函数，称为内部函数，将包含内部函数的函数称为外部函数。

【例 5-4】　求 $c_m^n = \dfrac{m!}{n!(m-n)!}$。

微课 5-7：函数的
嵌套

方法 1：利用函数的嵌套调用实现。

```
def fac_demo(n):
    f = 1
    for i in range(1,n+1):
        f *= i
    return f


def cmn(m,n):
    return fac_demo(m)/(fac_demo(n)*fac_demo(m-n))


print('c(5,2)=',cmn(5,2))
```

111

【运行结果】

```
c(5,2)= 10.0
```

方法 2：利用函数的嵌套定义实现。

```
def cmn(m,n):                    # 外部函数
    def fac_demo(n):             # 内部函数
        f = 1
        for i in range(1,n+1):
            f *= i
        return f

    return fac_demo(m)/(fac_demo(n)*fac_demo(m-n))


print('c(5,2)=',cmn(5,2))
```

2. 函数的递归

在定义一个函数的过程中又直接或间接地调用了函数本身，这称为函数的递归调用。函数的递归调用实际上是函数嵌套调用的一种特殊形式。

【例 5-5】 利用函数递归求 $n!$。

【分析】从数学中我们知道要求 $n!$，除了可以通过 $1 \times 2 \times 3 \times 4 \cdots \times n$ 来求得之外，还可以通过下面的公式来求得 $n!$。

$$n! = \begin{cases} 1 & (n=1) \\ n(n-1)! & (n>1) \end{cases}$$

上面公式表示的就是一种递归的形式，由此公式可写出相对应的程序代码。

```
def fac(n):
    if n == 1:
        return 1
    else:
        return n * fac(n-1)


print(' 5!= ',fac(5))
```

【运行结果】

```
5!= 120
```

> **提示** 对于求阶乘，Python 的标准库 math 中有相应的函数 factorial()，实际编程时可直接调用，在此只是演示说明函数嵌套与递归。

【例 5-6】 汉诺塔问题：古印度有一个梵塔，塔内有 3 个柱子（A、B、C），开始时 A 柱上套有 64 个盘子，盘子大小不等，大的在下，小的在上。有一个老和尚想把这 64 个盘子从 A 柱移动到 C 柱，在移动过程中可利用 B 柱。但规定每次只能移动一个盘子，且在任何时候 3 个柱子上的

微课 5-8：函数的递归

盘子都是大盘子在下，小盘子在上。编写程序来模拟移动盘子的过程。要求输出移动盘子的每一步。

【分析】将 $n(n>1)$ 个盘子从 A 柱移到 C 柱可分解为以下 3 个步骤。

① 先将 A 柱上 $n-1$ 个盘子借助 C 柱移到 B 柱上。

② 将 A 柱上剩下的一个盘子直接移到 C 柱上。

③ 再将 B 柱上 $n-1$ 个盘子借助 A 柱移到 C 柱上。

如果只有一个盘子则可以直接从 A 柱移到 C 柱上。

上述过程可用如下函数来表示：

$$\text{hanoi}(n, A, B, C) = \begin{cases} \begin{array}{l} \text{hanoi}(n-1, A, C, B) \\ A \to C \\ \text{hanoi}(n-1, B, A, C) \end{array} \Big\} (n>1) \\ A \to C \qquad (n=1) \end{cases}$$

程序代码如下。

```
def hanoi(n,a,b,c):
    if n == 1:
        print('{}----->{}'.format(a,c))
    else:
        hanoi(n-1,a,c,b)
        print('{}----->{}'.format(a,c))
        hanoi(n-1,b,a,c)


print('3 个盘子的移动过程: ')
hanoi(3, 'A','B','C')
```

【运行结果】

```
3 个盘子的移动过程:
A----->C
A----->B
C----->B
A----->C
B----->A
B----->C
A----->C
```

5.2.5　变量作用域

在 Python 中，程序中用到的变量并不是在任何位置都可以访问的，访问权限取决于这个变量是在哪里赋值的。变量起作用的代码范围称为变量的作用域。变量的作用域能决定在哪一部分程序可以访问哪个特定的变量。Python 的作用域一共有 4 种，分别如下。

① L（local）：局部作用域。

② E（enclosing）：闭包函数外的函数中。

③ G（global）：全局作用域。

④ B（built-in）：内建作用域。

以 L→E→G→B 的规则查找，即在局部找不到，便会去局部外的局部找（例如闭包），再找不到就会去全局找，最后去内建中找。

1. 局部变量和全局变量

在函数内部定义的变量称为局部变量，在函数外部定义的变量称为全局变量。

一个变量在函数外部定义和在函数内部定义，其作用域是不同的。局部变量的作用域是函数内部，当函数执行结束后，局部变量被自动删除，不可以再使用。全局变量的作用域是从其定义处开始到程序结束。不同作用域内变量名可以相同，互不影响。

【例 5-7】 局部变量和全局变量的使用。

```
count = 10                      # 全局变量

def func_demo(m,n):
    count = m + n               # 局部变量
    print('函数内部 count=',count)

print('函数调用前:')
print('函数外部 count=',count)
func_demo(8,9)
print('函数调用后:')
print('函数外部 count=',count)
```

微课 5-9：局部变量与全局变量

【运行结果】

函数调用前：

函数外部 count= 10

函数内部 count= 17

函数调用后：

函数外部 count= 10

此例中，在函数外部定义了一个全局变量 count，在函数内部定义了一个局部变量 count，两者尽管名字相同，但表示的是不同的变量，由程序运行结果也可看出。如果想在函数内部使用函数外部定义的 count 变量，这时就须用到关键字 global。

2. global 关键字

在 Python 中，在函数内如果只引用某个变量的值而没有为其赋新值，则该变量为（隐式的）全局变量；如果在函数内任意位置有为变量赋新值的操作，则该变量被认为是（隐式的）局部变量。除非在函数内显式地用关键字 global 进行声明，global 的作用就是将此变量声明为全局变量，而不再是局部变量。global 声明的变量既可以是已经在函数外部定义过的，也可以是没有在函数外部定义过的。

【例 5-8】 global 关键字的使用。

```
count = 10                      # 全局变量
```

```
def func_demo(m,n):
    global count        # 将 count 声明为全局变量
    count = m + n        # 使用全局变量
    print('函数内部 count=',count)


print('函数调用前:')
print('函数外部 count=',count)
func_demo(8,9)
print('函数调用后:')
print('函数外部 count=',count)
```

【运行结果】

函数调用前:

函数外部 count= 10

函数内部 count= 17

函数调用后:

函数外部 count= 17

上述代码在函数外部定义了一个全局变量 count，在函数内部也有一个 count，通过 global 将其声明为全局变量，即此时在函数内部的 count 就不再是局部变量了。也可以在函数外部不定义全局变量，直接用 global 在函数内部声明一个全局变量，代码如下。

```
def func_demo(m,n):
    global count        # 声明 count 为全局变量
    count = m + n        # 使用全局变量
    print('函数内部 count=',count)


func_demo(8,9)
print('函数调用后:')
print('函数外部 count=',count)
```

【运行结果】

函数内部 count= 17

函数调用后:

函数外部 count= 17

3. nonlocal 关键字

先来看如下代码段。

```
count = 100                 # 全局变量


def func_out():
    count = 1                # 局部变量
```

```
    def func_in():
        count = 12              # 局部变量
        print('在 func_in 中, count= ',count)


    func_in()
    print('在 func_out 中, count= ',count)


func_out()
```

上述代码中定义了一个全局变量 count，外部函数 func_out() 中定义了一个局部变量 count，在内部函数 func_in() 中也定义了一个局部变量 count，此时程序运行结果如下。

```
在 func_in 中, count= 12
在 func_out 中, count= 1
```

如果在函数 func_in() 中想使用 func_out() 函数中的变量 count，而不是全局变量 count，这时该如何实现呢？显然不能用 global 来声明（因为 global 声明的是全局变量），这时就可用 nonlocal 关键字来声明。nonlocal 关键字用于修改嵌套函数中变量的作用域。将上述程序代码段修改如下。

```
count = 100                     # 全局变量


def func_out():
    count = 1                   # 局部变量


    def func_in():
        nonlocal count      # 非局部变量
        count = 12              # 这时使用的 count 就是外部函数中的 count
        print('在 func_in 中, count= ',count)


    func_in()
    print('在 func_out 中, count= ',count)


func_out()
```

【运行结果】

```
在 func_in 中, count= 12
在 func_out 中, count= 12
```

由程序运行结果可以看出，在 func_in() 中使用的 count 就是 func_out() 中的 count，通过 nonlocal 关键字将 func_in() 中原来的局部变量变成了非局部变量，但不是全局变量。

> 提示   全局变量会增加不同函数之间的耦合度，从而降低代码可读性，非必要情况下尽量少用全局变量。

5.2.6 常用系统函数

Python 中提供了大量的系统函数供程序设计人员使用，这些函数有的在基本模块中，可直接使用，称为内置函数，还有些函数是在不同的标准模块中，使用时需先导入相应的库，然后才能使用。可以在交互模式下使用命令"help(函数名)"来查看某个内置函数的用法，例如 help(abs)；也可以在导入相应模块后，使用命令"help('模块名')"来查看某模块的帮助文档，例如 help('random')。

1. map()函数

map()函数是系统内置函数，是 Python 函数式编程的重要体现。

格式：`map(func, *seq)`

功能：将函数 func（可以是系统函数也可以是自定义函数）依次作用到可迭代对象 seq 中的每个元素上，并返回一个可迭代的 map 对象。map 对象里面的元素是原 seq 中元素经过函数 func 处理后的结果。为了方便使用 map 对象中的数据，可将其转换成列表或元组。map()函数工作过程如图 5-1 所示。

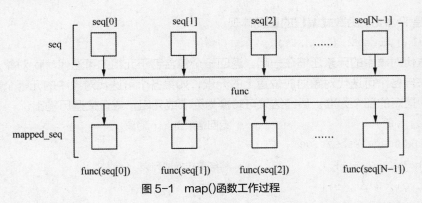

微课 5-11：map()
函数使用

图 5-1　map()函数工作过程

```
>>> map(str,[2,3,4])              # 将列表[2,3,4]中每个元素转换成字符串
<map object at 0x0000006474F92A90>    # 结果为一 map 对象
>>> list(map(str,range(5)))       # 可将 map 对象转换成列表
['0', '1', '2', '3', '4']
```

map()中的函数也可以是自定义函数：

```
>>> def add5(x):                  # 定义一个函数
        return x + 5
>>> list(map(add5,range(10)))
[5, 6, 7, 8, 9, 10, 11, 12, 13, 14]   # 将序列 range(10)中的每个元素都加 5
```

map()中可迭代对象的个数取决于要作用的函数 func 的形参个数。

```
>>> def myadd(x,y):               # 有两个参数的函数
        return x + y
>>> list(map(myadd,[2,3,4],[4,5,6]))  # 双参数函数作用到两个序列上
[6, 8, 10]
```

map()中的函数还可以是 lambda 表达式,如果函数比较简单,可直接用 lambda 表达式。

```
>>> list(map(lambda x:x + 5,range(5)))
[5, 6, 7, 8, 9]
>>> list(map(lambda x,y:x + y,range(5),range(5)))
[0, 2, 4, 6, 8]
>>> list(map(lambda x,y:x + y,[1,2,3],(3,4,5)))
[4, 6, 8]
```

map 对象除了可以转换为列表或元组外,还可以直接遍历输出。

```
>>> map_obj = map(lambda x: x * 10,[1,2,3,4,5])
>>> for i in map_obj:
        print(i,end= ' ')

10 20 30 40 50
```

微课 5-12:zip()
函数使用

2. zip()函数

内置函数 zip()也是 Python 函数式编程的重要体现。

格式: `zip(iter1 [,iter2 [,...]])`

功能:把多个可迭代对象中的元素压缩在一起,返回一个包含若干元组的可迭代 zip 对象。每个元组中的数据分别来自各个可迭代对象对应位置上的元素,如果各个可迭代对象中的元素个数不一致,以可迭代对象中最短的那个为准。最终结果可转换为列表或元组,或直接遍历输出。

```
>>> zip('abc',[1,2,3])                      # 返回结果是 zip 对象
<zip object at 0x0000002F5D379108>
>>> list(zip('abc',[1,2,3]))                # 将结果转换成列表
[('a', 1), ('b', 2), ('c', 3)]
>>> tuple(zip('abc',[1,2,3](10,20,30)))     # 将结果转换成元组
(('a', 1, 10), ('b', 2, 20), ('c', 3, 30))
>>> list(zip('abcd',[1,2,3]))               # 长度不一致时,以最短的为准
[('a', 1), ('b', 2), ('c', 3)]
>>> for i in zip('abc',[1,2,3]):            # 直接遍历输出
        print(i,end=' ')

('a', 1) ('b', 2) ('c', 3)
```

zip()函数也常用在字典中,根据两个序列中的数据生成一个字典。

```
>>> name = ['王明','李军','孙朋']
>>> score = [87,98,79]
>>> dict_demo = dict(zip(name,score))
>>> dict_demo
{'王明': 87, '李军': 98, '孙朋': 79}
```

3. enumerate()函数

枚举函数 enumerate()也是内置函数，同样也是 Python 函数式编程的重要体现。

格式：`enumerate(iterable[, start])`

功能：返回一个数据对的序列迭代对象，数据对的第一个数据是索引（下标），第二个数据来自参数可迭代对象。该函数通常用于将一个可遍历的数据对象（如列表、元组或字符串）组合为一个索引序列，同时列出数据下标和数据，一般用在 for 循环当中，也可将其转换为列表或元组。参数 start 用于指定索引起始值，没有指定时默认从 0 开始。

```
>>> list(enumerate('good'))          # 默认索引从 0 开始
[(0, 'g'), (1, 'o'), (2, 'o'), (3, 'd')]
>>> tuple(enumerate('good',1))          # 可指定起始索引
((1, 'g'), (2, 'o'), (3, 'o'), (4, 'd'))
>>> for k,v in enumerate('good',1):
        print('索引:{},值:{}'.format(k,v))


索引:1,值:g
索引:2,值:o
索引:3,值:o
索引:4,值:d
```

微课 5-13：
enumerate()函数

微课 5-14：filter()
函数

4. filter()函数

内置函数 filter()也是常用函数之一，同样也是 Python 函数式编程的重要体现。

格式：`filter(func, iterable)`

功能：对可迭代对象 iterable 中的每个元素执行 func 函数，返回可迭代对象中使得 func 函数值为 True 的那些元素组成的 filter 对象。

func 函数可以是自定义函数，也可以是系统函数，还可以是 lambda 表达式，函数返回值应是布尔型数值。生成的 filter 对象既可以转换成列表或元组，也可直接循环遍历。

```
>>> list(filter(lambda x:x % 3 == 0 or x % 5 == 0,range(20)))   # 20 以内 3 和 5 的倍数
[0, 3, 5, 6, 9, 10, 12, 15, 18]
>>> list(filter(lambda x:x.isalpha(),'a1b2c3d4'))      # 查找字符串中所有的字母
['a', 'b', 'c', 'd']
>>> tuple(filter(lambda x:x.isdigit(),'a1b2c3d4'))      # 查找字符串中所有的数字
('1', '2', '3', '4')
>>> def func(x):
        return x.isdigit()


>>> list(filter(func,'a1b2c3d4'))
['1', '2', '3', '4']
```

5. reduce()函数

reduce()函数是标准库 functools 中的函数，使用前需先导入标准库 functools。

格式：reduce(bin_func, seq[, init])

功能：可以将一个接受两个参数的函数 bin_func 以累积的方式从左到右依次作用到序列 seq 的所有元素上。

其具体执行过程：每次迭代，将上一次的迭代结果与 seq 序列中下一个元素执行 bin_func 函数（bin_func 函数要求有两个参数，也称为二元函数）。init 是可选的，如果给出，则作为第一次迭代的第一个元素，否则以 seq 中的第一个元素作为第一次迭代的第一个元素。reduce()函数工作过程如图 5-2 所示。

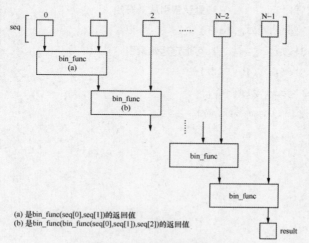

微课 5-15：
reduce()函数

图 5-2　reduce()函数工作过程

简单来说，可以用一个形象化的式子来说明 reduce()函数的工作过程（实际上就是函数的嵌套调用）。

reduce(bin_func, [1, 2,3]) = bin_func(bin_func(1, 2), 3)

例如，用 reduce()函数实现求 1~10 的累加和。

```
>>> from functools import reduce
>>> reduce(lambda x,y:x + y,range(11))
55
```

同样，reduce()中的 bin_func 函数既可以是系统函数，也可以是 lambda 表达式，还可以是自定义函数。使用 reduce()函数时还可根据需要指定一个起始值。

```
>>> from functools import reduce
>>> def myadd(x,y):
        return x + y
>>> reduce(myadd,range(11),100)
155
```

6. 随机数函数

Python 中的 random 模块提供了与随机数有关的若干函数，random 模块常用函数如表 5-1 所示。使用这些函数时须先导入 random 模块。

表 5-1　random 模块常用函数

函数	功能说明
random()	生成一个[0.0,1.0)的一个随机小数
randint(a,b)	生成一个[a,b]的随机整数
choice(seq)	从非空序列 seq 中随机返回一个元素
shuffle(seq)	将列表 seq 中元素的顺序打乱
sample(seq,k)	从序列 seq 中随机选择 k 个元素

```
>>> import random
>>> random.random()            #生成一个［0.0,1.0)的随机小数
0.4493094364214406
>>> random.randint(1,10)       #生成一个［1,10］的随机整数
7
>>> random.choice(range(1,10)) #从［1,10)中随机选择一个元素
8
>>> alist = list(range(1,10))
>>> random.shuffle(alist)      #将列表 alist 中元素顺序打乱
>>> alist
[4, 2, 8, 9, 6, 1, 3, 5, 7]
>>> random.sample(range(10),3) #从［0,10）中随机选择 3 个元素
[5, 9, 2]
```

微课 5-16：随机
数函数

5.2.7　函数应用示例

【例 5-9】 编写一个判断字符串是否是回文字符串的函数。回文字符串是指正序和倒序都相同的字符串，如'abccba'就是回文字符串。

【分析】要想判断字符串是否是回文字符串，只需比较字符串正序和倒序是否一样即可，字符串倒序可直接利用切片操作实现。

```
def IsPalindrome(text):
    return text == text[::-1]


str_demo = input('enter a string:')
if IsPalindrome(str_demo):
    print('字符串"{}"是回文字符串'.format(str_demo))
else:
    print('字符串"{}"不是回文字符串'.format(str_demo))
```

【运行结果】

```
enter a string:abc
```

字符串"abc"不是回文字符串

enter a string:abcba

字符串"abcba"是回文字符串

【**例 5-10**】 找出一个正整数的所有素因子,例如 30 的素因子有 2、3、5。

【**分析**】素因子是指既是素数,又是另一个数的因子的数。要求一个数 m 的所有素因子,只需从 m 的所有因子中找出是素数的即可。

```
def AllPrime(m):           # 求所有素因子
    def IsPrime(n):        # 判断一个数是否是素数
        return 0 not in [0 for i in range(2,n) if n % i == 0]

    return [i for i in range(2,m) if m % i == 0 and IsPrime(i)]

m = int(input('enter a number:'))
print('{}的素因子有{}'.format(m,AllPrime(m)))
```

【**运行结果**】

enter a number:30

30 的素因子有[2, 3, 5]

【**例 5-11**】 编写一个求任意一组数平均值的函数。

【**分析**】要求任意一组数的平均值,即参数个数可以是任意个,可以是 0 个、1 个、2 个……可以利用不定长参数来实现。

```
def avg(*args):
    if len(args) == 0:
        return None
    else:
        return sum(args)/len(args)
```

为方便测试函数功能,可在交互模式下调用函数:

```
>>> avg()
>>> avg(2,3)
2.5
>>> avg(1,2,3,4,5)
3.0
>>> avg(3,4.8,10)
5.933333333333334
```

【**例 5-12**】 编写一个函数,实现列表的循环移位。例如列表[1,2,3,4,5]循环左移 2 位是[3,4,5,1,2],循环右移 2 位是[4,5,1,2,3]。

【**分析**】循环左移 K 位实际上就是将列表中的前 K 个元素移到列表的后面,而循环右移 K 位则是将列表中的后 K 个元素移到列表的前面。因此可直接利用切片操作来实现循环移位:直接取出从第 K 位开始的所有元素再加上前 K 个元素即可。当 K 为正数时,实现的是循环左移,当 K 为负数时，实现的是循环右移。

```
def shift(lst,k):              # 循环移位
    return lst[k:]+lst[:k]
```

交互模式下调用函数测试其功能：

```
>>> shift([1,2,3,4,5],2)        # 循环左移 2 位
[3, 4, 5, 1, 2]
>>> shift([1,2,3,4,5],-2)       # 循环右移 2 位
[4, 5, 1, 2, 3]
```

 提示　shift()函数实际上也可实现字符串的循环移位。

```
>>> shift('abcdef',2)
'cdefab'
>>> shift('abcdef',-2)
'efabcd'
```

【例 5-13】　编写函数，统计一个字符串中字母和数字出现的次数。

```
def count(s):
    alpha = num = 0
    for ch in s:
        if ch.isalpha():
            alpha += 1
        elif ch.isdigit():
            num += 1
    return alpha,num


str_demo = input('enter a string:')
alpha,num = count(str_demo)
print('字符串"{}"中字母个数是{},数字个数是{}'.format(str_demo,alpha,num))
```

【运行结果】

```
enter a string:a1b2cdG35
字符串"a1b2cdG35"中字母个数是 5,数字个数是 4
```

5.2.8　模块与包

1. 模块

在 Python 中，每个 Python 文件都可以作为一个模块，模块的名字就是文件的名字。模块既可以独立运行，也可以被其他模块引入。每个模块都有一个__name__属性，当其值是"__main__"

时，表示该模块是独立运行，否则表示该模块被引用。有时希望模块中的某部分代码只是在独立运行时执行，而被引用时不执行，则可通过判断__name__属性值来实现。

微课 5-17：模块
与包

假设有一个文件 demo.py，其内容如下。

```
def myadd(a,b):
    return a + b


print('独立运行和引入时都会执行:',myadd(3,4))
if __name__ == '__main__':
    print('只在独立运行时执行:',myadd(3,4))
```

【运行结果】

独立运行和引入时都会执行：7

只在独立运行时执行：7

另有一文件 test.py，其内容如下。

```
from demo import myadd
print('调用模块:',myadd(3,4))
```

【运行结果】

独立运行和引入时都会执行：7

调用模块：7

2. 包

包是 Python 中用来组织模块的方式，可将功能相关的一组模块放在一个包里面。包就是模块所在的目录，在该目录下必须要有__init__.py 文件（内容可以为空）。只有目录中有__init__.py文件，才表示此目录是一个包，否则就是一个普通目录。

与目录类似，包也可以有多级，一个包中可以有若干个子包，访问时须用"."来分隔各级。假设有如下结构的包，如图 5-3 所示。

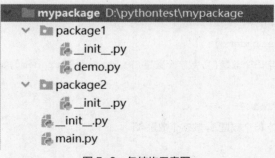

图 5-3　包结构示意图

在 demo.py 文件中定义了一个函数 myadd()，如果要想在 main.py 文件中调用 demo.py 中myadd()函数，可采用如下语句实现。

```
from package1 import demo
print(demo.myadd(3,4))
```

或者采用如下语句实现：

```
import package1.demo
print(package1.demo.myadd(3,4))
```

5.3　任务实施

学生基本信息管理模块要实现的基本功能：学生信息的添加、删除、修改和显示。系统运行时，显示相应的菜单供用户进行选择，用户输入相应命令后可执行相应的功能。

5.3.1　存储结构设计

每个学生信息有学号、姓名、语文成绩、数学成绩和英语成绩等字段，因此可选用字典来存放单个学生的信息，形如：

```
{'no':'1001','name':'王芳','chinese':80,'math':90,'english':98}
```

然后将所有学生的信息放在一个列表中，即形如：

```
[{'no':'1001','name':'王芳','chinese':80,'math':90,'english':98},
{'no':'1002','name':'刘明','chinese':83,'math':89,'english':78},
{'no':'1003','name':'王月','chinese':78,'math':79,'english':88},
{'no':'1004','name':'孙朋','chinese':89,'math':59,'english':58}]
```

首先初始化一个空列表用来存放所有学生的信息，代码如下。

```
stulist = []    # 初始化一个空列表用来存放所有学生的信息
```

5.3.2　功能菜单显示

定义一个显示功能菜单的函数，以提示用户可以进行哪些操作，代码如下。

```
def print_menu():
    print('学生基本信息管理'.center(20,'-'))
    print('insert--------添加学生信息')
    print('delete--------删除学生信息')
    print('update--------修改学生信息')
    print('show----------显示学生信息')
    print('return--------返回')
    print('-'*28)
```

5.3.3　学生信息添加

定义一个用于添加学生信息的函数。在该函数中，用户可根据提示输入学生的学号、姓名、语文成绩、数学成绩和英语成绩。将学生信息保存在字典中，然后将字典添加到学生列表中，代码如下。

```python
def insert():      # 添加学生信息
    while True:
        stu = {}
        stu['no'] = input('学号:')
        stu['name'] = input('姓名:')
        stu['chinese'] = int(input('语文成绩:'))
        stu['math'] = int(input('数学成绩:'))
        stu['english'] = int(input('英语成绩:'))
        stulist.append(stu)
        choice = input('继续添加(y/n)?').lower()
        if choice == 'n':
            break
```

5.3.4 学生信息修改

定义一个函数用来实现学生信息的修改。在该函数中，用户输入要修改的学号，如该学号存在，则可输入相应的内容进行信息的修改；如不存在，则给出相应的提示，代码如下。

```python
def update():      # 修改学生信息
    while True:
        no = input('请输入要修改的学生学号:')
        for stu in stulist:
            if stu['no'] == no:
                stu['name'] = input('姓名:')
                stu['chinese'] = int(input('语文成绩:'))
                stu['math'] = int(input('数学成绩:'))
                stu['english'] = int(input('英语成绩:'))
                print('修改成功')
                break
            else:
                print('该学号不存在')
        choice = input('继续修改(y/n)?').lower()
        if choice == 'n':
            break
```

5.3.5 学生信息删除

定义一个函数用来删除学生信息，在该函数中，用户输入要删除的学号，如该学号存在，则从列表中删除该学生的信息；如不存在，给出相应的提示信息，代码如下。

```
def delete():    # 删除学生信息
    while True:
        no = input('请输入要删除的学生学号:')
        for stu in stulist[::]:
            if stu['no'] == no:
                stulist.remove(stu)
                print('删除成功')
                break
            else:
                print('该学号不存在')
        choice = input('继续删除(y/n)?').lower()
        if choice == 'n':
            break
```

5.3.6 学生信息显示

定义一个函数用来显示所有的学生信息，代码如下。

```
def show():       # 显示学生信息
    head_format = '{:8}\t{:8}\t{:8}\t{:8}\t{:8}'
    print(head_format.format('学号','姓名','语文','数学','英语'))
    con_format = '{:8}\t{:8}\t{:<8}\t{:<8}\t{:<8}'
    for stu in stulist:
        print(con_format.format(stu['no'],stu['name'],stu['chinese'],
                                stu['math'],stu['english']))
```

5.3.7 主控函数

定义一个函数，用来显示菜单，然后循环等待用户输入命令，以实现相应的学生信息的添加、删除、修改和显示功能。将此函数作为学生信息管理模块的入口函数，代码如下。

```
def main():
    print_menu()
    while True:
        choice = input('info>').strip().lower()
        if choice == 'insert':
            insert()
        elif choice == 'delete':
            delete()
        elif choice == 'update':
            update()
```

```
    elif choice == 'show':
        show()
    elif choice == 'return':
        break
    else:
        print('输入错误')
```

5.3.8 系统测试

调用主控函数，测试系统各功能。

```
if __name__ == '__main__':
    main()
```

运行程序，测试系统各功能。

学生信息添加和显示的测试结果如图 5-4 所示。

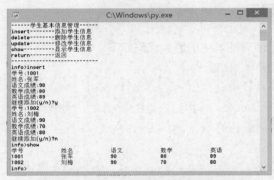

图 5-4 学生信息添加和显示的测试结果

学生信息修改功能测试结果如图 5-5 所示。

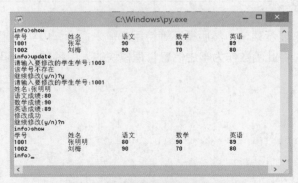

图 5-5 学生信息修改功能测试结果

学生信息删除功能测试结果如图 5-6 所示。

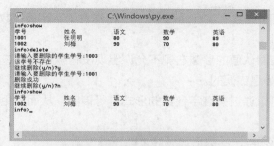

图 5-6 学生信息删除功能测试结果

由以上功能测试结果可以看出，当用户输入相应的命令（insert、delete、update 和 show）时，系统能够正确完成学生信息的添加、删除、修改和显示，满足了预期需求。

5.4 任务小结

通过本任务的学习，我们了解了模块化程序设计的基本思想，掌握了自定义函数和一些系统常用函数的使用方法。分而治之，大而化小，模块化的程序设计让我们解决复杂问题时能够游刃有余。合理、有效使用函数可有效提高代码的重用度，使程序更加简洁，易于维护。

5.5 练习题

一、填空题

1. 如果函数中没有 return 语句或者 return 语句不带任何返回值，那么该函数的返回值为_____。

2. 表达式 list(filter(lambda x:x>2, [0,1,2,3,0,0])) 的值为_____。

3. 表达式 list(filter(lambda x: len(x)>3, ['a', 'b', 'abcd'])) 的值为_____。

4. 表达式 list(filter(lambda x: x%2==0, range(10))) 的值为_____。

5. 已知 f = lambda x: x+5，那么表达式 f(3) 的值为_____。

6. 表达式 {*range(4), 4, *(5, 6, 7)}的值为_____。

7. 表达式 'Beautiful is better than ugly.'.startswith('Be', 5)的值为_____。

8. 已知 g = lambda x, y=3, z=5: x+y+z，那么表达式 g(2)的值为_____。

9. 已知 f = lambda x: 5，那么表达式 f(3)的值为_____。

10. 已知 x 为非空列表，那么表达式 random.choice(x) in x 的值为_____。

二、判断题

1. 定义 Python 函数时必须指定函数返回值类型。   (　　)

2. 定义 Python 函数时，如果函数中没有 return 语句，则默认返回空值 None。 (　　)

3. 如果在函数中有语句 return 3，那么该函数一定会返回整数 3。   (　　)

4. 函数定义中必须要包含 return 语句。   (　　)

5. 调用带有默认值参数的函数时，不能为默认值参数传递任何值，必须使用函数定义时设置的默认值。   (　　)

6. 在定义函数时，某个参数名字前面带有一个*符号表示不定长参数，可以接收任意多个普通实参并存放于一个元组之中。　　　　　　　　　　　　　　　　　　　（　　）

7. 定义函数时，带有默认值的参数右侧不允许出现没有默认值的位置参数，即如下函数定义 def demo(x,y=20,z):pass 是错误的。　　　　　　　　　　　　　　　　　　（　　）

8. 在调用函数时，可以通过关键字参数的形式进行传值，从而避免必须记住函数形参顺序的麻烦。　　　　　　　　　　　　　　　　　　　　　　　　　　　　　　　（　　）

9. 在调用函数时，必须牢记函数形参顺序才能正确传值。　　　　　　　　　（　　）

10. 调用函数时传递的实参个数必须与函数形参个数相等才行。　　　　　　（　　）

三、上机练习题

1. 利用自定义函数求 100～200 的所有素数。

2. 利用自定义函数求所有的水仙花数。

3. 回文数是正向和逆向都相同的数，如 123454321、9889。编写函数判断一个整数是否是回文数。

4. 编写函数判断输入的 3 个数字是否能构成三角形的 3 条边。

5. 利用自定义函数求 1!+2!+3!+⋯+n!。

6. 编写函数求 1/(1×2)−1/(2×3)+1/(3×4)−⋯前 n 项的和。

5.6 拓展实践项目——商品基本信息管理模块处理

商品信息管理系统中的商品基本信息管理模块需要完成商品信息的添加、删除、修改和显示。请利用自定义函数实现商品信息的添加、删除、修改和显示功能。

任务6
学生类的设计与实现

06

学习目标

- 了解面向对象程序设计思想。
- 理解面向对象的基本概念及特性。
- 掌握类的定义与使用方法。

能力目标（含素养要点）

- 能够熟练进行类的定义与实例化（勤思多练）。
- 能够正确使用类成员与实例成员。
- 能够合理使用访问控制权限（编码规范）。

6.1 任务描述

本任务采用面向对象程序设计方法来实现学生信息管理子模块的主要功能：学生信息的添加、删除、修改和显示。完成本任务需要了解和掌握面向对象程序设计方法，掌握 Python 中类的使用方法。

6.2 技术准备

面向对象程序设计的思想主要是针对大型软件设计而提出的，使得软件设计更加灵活，能够很好地支持代码复用和设计复用，使代码具有更好的可读性和可扩展性，能大幅度降低软件开发的难度。

面向对象程序设计中，程序的基本单元是类。类是对具有相同属性和行为的一组实例的抽象，包含数据（描述类的属性）和方法（对数据的操作）两部分。例如，每个学生都有学号、姓名、成绩等属性，都有对这些属性的操作（如设置学生信息、读取学生信息等）。因此，可以将描述学生属性的数据（如学号、姓名、成绩等）和对数据进行操作的函数（如设置学生信息、读取学生信息等）封装在一起，形成一个学生类，每个学生都是学生类的一个实例。在面向对象程序设计中，每个实例称为一个对象，对数据进行操作的操作函数称为方法。

类与对象的关系就如数据类型和数据之间的关系：类是对象的抽象，而对象是类的具体实例。

Python 完全采用了面向对象程序设计的思想，是真正面向对象的高级动态编程语言，完全支持面向对象的基本功能，如封装、继承、多态以及对基类方法的覆盖或重写等。

创建类时用变量形式表示的对象属性称为数据成员，用函数形式表示的对象行为称为方法成员，数据成员和方法成员统称为类的成员。

6.2.1 类的定义和实例化

1. 类的定义

Python 使用关键字 class 来定义类，其使用格式如下。

```
class 类名:
    数据成员名 = 值
    def 方法名():
        方法体
```

说明如下。

（1）类名命名规则遵循标识符命名规则，通常情况下建议类名首字母大写。

（2）类的成员包括数据成员和方法成员，不论是哪种成员，可以是 0 个或多个，都得根据需要来定义。数据成员的定义通过直接给数据成员赋值的方式进行，方法成员的定义与定义函数的方式相同。

【例 6-1】 定义一个只包含一个方法成员的学生类。

```
class Student1:
    def out(self):              # 方法成员
        print('I am a student')
```

【例 6-2】 定义一个包含数据成员和方法成员的学生类。

```
class Student2:
    school = 'Tsinghua'         # 数据成员
    def out(self):              # 方法成员
      print('I am a student')
      print('My school is ',Student2.school)
```

2. 类的实例化

类定义好后，就可以通过该类来实例化对象，然后可通过"对象名.数据成员"或"对象名.方法成员()"的方式来访问其中的数据成员或方法成员。

格式：对象名 = 类名（[参数表]）

其中，参数表是可选的，可根据类的构造方法是否需要参数来确定。

【例 6-3】 类的实例化。

首先运行例 6-2 中定义的类 Student2，然后在交互模式下运行下述代码。

```
>>> s2 = Student2()          # 创建 Student2 类对象
```

```
>>> s2.out()                    # 调用方法成员
I am a student
My school is Tsinghua
>>> s2.school                   # 访问数据成员
'Tsinghua'
```

Python 中可以使用内置函数 isinstance() 来测试对象是否为某个类的实例。

```
>>> isinstance(s2,Student2)
True
```

6.2.2 数据成员与方法成员

1. 数据成员

Python 中的数据成员有两类：类成员与实例成员。

类成员是属于类的数据成员，实例成员是属于每个实例对象的数据成员。

类成员是在类内的方法成员之外定义的。实例成员是在类内的方法成员中定义的，一般是在构造方法__init__()中定义的。类内定义和使用实例成员时必须以 self 作为前缀。

【例 6-4】 类成员与实例成员。

```
class Student:
    school = 'Tsinghua'   # 类成员

    def __init__(self,name):
        self.name = name   # 实例成员

    def out(self):
        print('name:',self.name)
        print('school:',Student.school)
```

微课 6-2：数据
成员

上述代码中的 school 是定义在方法成员之外的，属于类的数据成员，也即类成员；name 是定义在构造方法__init__()中的，属于对象的数据成员，也即实例成员。

实例成员与类成员的应用方面的区别：实例成员属于实例对象，用于描述对象的属性，同一个类的不同对象之间相互独立，修改一个对象的实例成员不会影响到其他对象的相应实例成员，可在类外通过"对象名.实例成员"形式访问；类成员不属于任何一个对象，而是为该类所有对象共享的，因此也称为类变量，可在类内通过"类名.类成员"形式访问，在类外通过"类名.类成员"或"对象名.类成员"形式访问，但如果要修改类成员则只能通过"类名.类成员"形式。

例如对 Student 类可通过如下形式访问其成员。

```
>>> s1 = Student('李军')
>>> s2 = Student('赵宇')
>>> s1.name                     # 在类外通过"对象名.实例成员"形式访问实例成员
'李军'
```

```
>>> s2.name
'赵宇'
>>> s1.school              # 在类外通过"对象名.类成员"形式访问类成员
'Tsinghua'
>>> s2.school
'Tsinghua'
>>> s1.name = '李小军'      # 修改实例成员
>>> s1.name
'李小军'
>>> s2.name               # 另一个对象中的实例成员没有受影响
'赵宇'
```

 注意 在 Python 中比较特殊的是，可以动态地为类和对象增加成员，这一点是和很多面向对象程序设计语言不同的，也是 Python 动态特点的一种重要体现。

```
>>> Student.count = 0      # 为 Student 类动态添加类成员 count
>>> s1.count
0
>>> s2.count
0
```

通过上述代码可以看到，为 Student 类动态添加类成员 count 后，在相应的实例对象 s1 和 s2 中都可访问到此类成员。

 注意 当在类外用"对象名.类成员"形式修改类成员时，修改的并不是类成员。

```
>>> s1.count = 10          # 通过"对象名.类成员"形式修改类成员
>>> s2.count
0                          # 类成员值并没有改变
>>> Student.count
0
```

通过上述代码可看出，通过 s1 对象修改类成员 count 的值，但通过 s2 对象和 Student 类去访问时此值没有发生改变，说明并没有修改类成员 count 的值。原因是实际上执行 s1.count=10 时访问的并不是类成员 count，而是为对象 s1 产生一个 count 数据成员。也即在 Python 中，为某个对象数据成员赋值时，如果该对象中存在此数据成员，这时就会修改对象数据成员的值；如果该对象中不存在此数据成员，那么会自动为该对象添加一个这样的数据成员。因此，要修改类成员的值只能通过类去修改，而不能通过对象去修改。

```
>>> Student.count = 10
>>> s1.count
```

```
10
>>> s2.count
10
```

2. 方法成员

类中方法成员可分为实例方法、类方法和静态方法。

（1）实例方法

实例方法是为每个对象所有、各自独立的方法。类中定义的方法如果没有特殊声明的都是实例方法。

类的所有实例方法都必须至少有一个名为 self 的参数，并且必须是方法的第一个形参。self 参数代表将来要创建的对象本身，在外部通过"对象名.方法名()"调用实例方法时并不需要传递这个参数；如果在外部通过"类名.方法名()"调用实例方法则需要显式为 self 参数传值。在类的实例方法中访问实例成员须时须以"self.实例成员"形式访问，访问类成员时须以"类名.类成员"形式访问。

【例 6-5】 实例方法的使用。

```
class Student:
    school = 'Tsinghua'
    def __init__(self,name):          # 实例方法
        self.name = name


    def out(self):                    # 实例方法
        print('name:',self.name)
        print('school:',Student.school)
```

微课 6-3：实例
方法

运行上述代码，然后在交互模式下测试：

```
>>> s = Student('张明')
>>> s.out()                           # 通过对象名调用实例方法
name: 张明
school: Tsinghua
>>> Student.out(s)                    # 通过类调用实例方法
name: 张明
school: Tsinghua
```

> **提示**　Python 中，在类中定义实例成员方法时将第一个参数定义为 self 只是一个习惯，而实际上类的成员方法中第一个参数的名字可以是任意合法的标识符，不是必须使用 self 这个名字。尽管如此，建议编写代码时仍以 self 作为方法的第一个参数的名字。这个 self 有点类似其他面向对象编程语言（如 Java）中的 this。

例如将上述 Student 类改写如下。

```
class Student:
```

```
    school = 'Tsinghua'
    def __init__(this,name):
        this.name = name


    def out(this):
        print('name:',this.name)
        print('school:',Student.school)
```

然后在交互模式下测试：

```
>>> s1 = Student('张明')
>>> s1.out()
name: 张明
school: Tsinghua
>>> s1.name
'张明'
```

由上述代码可看出，将实例方法中的第一个参数 self 改为其他名字（如 this）也是可以的。

实例方法中有两个比较特殊的方法，一个是构造方法，另一个是析构方法。

构造方法__init__()是创建对象时由系统自动调用的方法，如果没有显式定义该方法，系统会调用默认构造方法。该方法通常用于初始化对象，如为数据成员设置初始值或进行其他必要的初始化操作。

析构方法__del__()是对象所有的引用被清除后由系统自动调用的方法，一般用来释放对象所占用的资源。同样，如果没有此方法，系统会提供一个默认的析构方法进行必要的清理工作。

【例 6-6】 构造方法和析构方法的使用。

```
class Student:
    school = 'Tsinghua'
    def __init__(self,name):
        self.name = name
        print('对象初始化... ')


    def out(self):
        print('name:',self.name)
        print('school:',Student.school)


    def __del__(self):
        print('对象销毁... ')
```

运行上述代码，然后在交互模式下测试：

```
>>> s1 = Student('张明')
对象初始化...
>>> del s1
```

对象销毁...

通过上述代码可以看出，实例化对象时自动调用了__init__()方法，删除对象时自动调用了__del__()方法。

（2）类方法

类方法是属于类的方法，不属于任何实例对象。类方法以 cls 作为第一个参数表示该类自身，在调用类方法时也不需要为该参数传递值（与实例方法中的 self 类似）。类中定义类方法时用@classmethod 修饰。

类方法既可以通过"类名.方法名()"形式访问，也可以通过"对象名.方法名()"形式访问。

类方法中只能访问类成员，而不能访问实例成员；实例方法中类成员和实例成员都可以访问。

【例 6-7】 类方法的使用。

```
class Student:
    school = 'Tsinghua'
    def __init__(self,name):            # 实例方法
        self.name = name

    def out(self):                      # 实例方法
        print('name:',self.name)
        print('school:',Student.school)

    @classmethod                        # 类方法
    def outSchool(cls):
        print('类方法中: school:',Student.school)
```

微课 6-4：类方法与静态方法

运行上述代码，然后交互模式下测试：

```
>>> s = Student('张明')
>>> s.outSchool()                       # 通过对象名调用类方法
类方法中: school: Tsinghua
>>> Student.outSchool()                 # 通过类名调用类方法
类方法中: school: Tsinghua
```

 提示 类方法的第一个参数 cls 也可以用其他合法标识符表示，与实例方法中的第一个参数 self 类似，但一般不建议使用其他标识符。

（3）静态方法

静态方法也是属于类的方法，不属于任何实例对象，这一点与类方法相似。类中定义静态方法时用@staticmethod 修饰。类方法要求至少有一个参数 cls 用于表示类自身，而静态方法则没有此要求，也即静态方法可以没有任何参数。

静态方法同样既可以通过"类名.方法名()"形式访问，也可以通过"对象名.方法名()"形式访问。与类方法相同，静态方法中也只能访问类成员，而不能访问实例成员。

【例 6-8】 静态方法的使用。

```python
class Student:
    school = 'Tsinghua'
    def __init__(self,name):
        self.name = name

    def out(self):
        print('name:',self.name)
        print('school:',Student.school)

    @classmethod
    def outSchool(cls):
        print('类方法中: school:',Student.school)

    @staticmethod                    # 静态方法
    def static_out():
        print('静态方法中: school: ',Student.school)

>>> s = Student('张明')
>>> s.static_out()                   # 使用对象调用静态方法
静态方法中: school :Tsinghua
>>> Student.static_out()             # 使用类调用静态方法
静态方法中: school:Tsinghua
```

6.2.3 访问权限

1. 访问权限的种类

Python 对数据成员和方法成员的访问权限有 3 种：公有的、受保护的和私有的。

① 公有的：公有的类成员可以在任何地方被访问。

② 受保护的：受保护的类成员可以被其自身以及其子类访问。

③ 私有的：私有的类成员只能被其定义所在的类访问。

2. 成员名的含义

在 Python 中，不同的访问权限是通过不同的成员名来体现的。以下画线开头或结束的成员有特殊的含义。

微课 6-5：访问
权限

① 公有成员：两侧不带下画线的，形如 xxx。

② 受保护成员：以单下画线开头，形如_xxx。

③ 私有成员：以双下画线开头，形如__xxx。

④ 特殊成员：两侧各有双下画线，形如__xxx__，表示为系统定义的特殊成员，如构造方法

__init__()、析构方法__del__()等。

类由数据成员和方法成员构成，这些成员封装在单个实体中，即类的封装。"强内聚，弱耦合"，这就要求一个类的内部成员联系尽量紧密一些，而一个类与其他类之间联系尽量松散一些，以增强程序的健壮性、稳定性。要实现这种"强内聚，弱耦合"，就是要尽可能地把类的成员声明为私有的，只把一些少量、必要的方法声明为公有的提供给外部使用。

【例6-9】 访问权限的使用。

```
class Student:
    school = 'Tsinghua'              # 公有类成员
    __fee = 4800                    # 私有类成员
    def __init__(self,name,pw):     # 构造方法
        self.name = name            # 公有实例成员
        self.__pw = pw              # 私有实例成员

    def out(self):                  # 公有方法成员
        print('name:',self.name)
        print('pw:',self.__pw)
        print('school:',Student.school)
        print('fee:',Student.__fee)


>>> s = Student('王芳','123')
>>> s.out()                         # 调用公有方法
name: 王芳
pw: 123
school: Tsinghua
fee: 4800
>>> s.name                          # 访问公有数据成员
'王芳'
>>> s.name = '王小芳'               # 修改公有数据成员的值
>>> s.name
'王小芳'
>>> s.pw                            # 访问私有数据成员
Traceback (most recent call last):   # 外部不能访问私有数据成员
  File "<pyshell#58>", line 1, in <module>
    s.pw
AttributeError: 'Student' object has no attribute 'pw'
```

实际上，在 Python 中，并没有严格意义上的私有成员，因私有成员在对象外部可以通过"对象名._类名__xxx"这样的特殊形式访问。

```
>>> s._Student__pw                  # 访问私有成员
```

```
'123'
>>> s._Student__pw = '123456'              # 修改私有成员
>>> s.out()
name：王小芳
pw: 123456
school: Tsinghua
fee: 4800
```

通过上述代码可以看出，通过"对象名._类名__xxx"的形式可以访问私有成员。

6.2.4　属性

公有数据成员可在类外部随意访问和修改，但很难控制用户修改数据时的合法性；私有数据成员可对数据进行合法性检查，但须对外提供相应的公有方法来对其访问和修改。

属性结合了公有数据成员和私有数据成员的优点，既可以像私有成员那样对值进行必要的检查，又可以像公有成员一样灵活地访问。

属性的设置有两种方法，一是利用修饰器@property，二是利用 property()函数。可根据需要设置属性的可读、可写和可删除操作。

1. 利用修饰器@property 设置属性

【例 6-10】 设置属性的可读、可写、可删除操作。

类的定义代码如下所示。

微课 6-6：属性

```
class Test:
    def __init__(self,value):
        self.__value = value

    @property
    def value(self):
        return self.__value

    @value.setter
    def value(self,v):
        self.__value = v

    @value.deleter
    def value(self):
        del self.__value
```

将上述代码运行后，在交互模式下测试：

```
>>> t = Test(3)
>>> t.value                               # 读取属性值
```

```
3
>>> t.value = 4              # 修改属性值
>>> t.value
4
>>> del t.value             # 删除属性
>>> t.value                 # 属性已经被删除，再访问就抛出异常
Traceback (most recent call last):
  File "<pyshell#5>", line 1, in <module>
    t.value
  File "D:\workspace\python\chap\ch606.py", line 7, in value
    return self.__value
AttributeError: 'Test' object has no attribute '_Test__value'
```

通过上述代码可以看出，当为属性设置了可读、可写和可删除操作后，此属性就既可以读，也可以写，还可以被删除。

【例 6-11】 设置属性的可读、可写操作。

```
class Test:
    def __init__(self,value):
        self.__value = value

    @property
    def value(self):
        return self.__value

    @value.setter
    def value(self,v):
        self.__value = v
```

运行代码，测试属性：

```
>>> t = Test(3)
>>> t.value
3
>>> t.value = 4
>>> del t.value                  # 没有设置属性可删除操作，因此在删除时抛出异常
Traceback (most recent call last):
  File "<pyshell#9>", line 1, in <module>
    del t.value
AttributeError: can't delete attribute
```

通过上述代码可以看出，如果类中只定义了属性的可读、可写操作，则此属性可读写，但不允许被删除。

【例 6-12】 检查属性值的有效性。

在设置属性可写操作时，可根据需要检查值的有效性。假设 Test 类中__value 的合法取值范围为 0～100，则可将上述代码修改如下。

```
class Test:
    def __init__(self,value):
        self.__value = value


    @property
    def value(self):
        return self.__value


    @value.setter
    def value(self,v):
        if 0 <= v <= 100:
            self.__value = v
        else:
            print('error')
```

运行代码，在交互模式下测试：

```
>>> t = Test(3)
>>> t.value
3
>>> t.value = 9           # 值在合法范围内
>>> t.value
9
>>> t.value = 999         # 值超出合法范围
error
```

2. 利用 property()函数设置属性

除了可以使用修饰器@property 来设置属性外，还可以使用 property()函数来设置属性。使用 property()函数设置属性时，需要先在类中定义好相应的对私有数据成员读、写和删除的方法，然后将相应的方法名传递给 property()函数即可。property()函数中要绑定的 3 个函数分别代表对私有数据成员的读、写和删除操作。

【例 6-13】 利用 property()函数设置属性的可读、可写、可删除操作。

```
class Test:
    def __init__(self,value):
        self.__value = value


    def __get(self):
        return self.__value
```

```
    def __set(self,v):
        self.__value = v


    def __del(self):
        del self.__value


    value = property(__get,__set,__del)
```

运行代码，测试属性：

```
>>> t = Test(4)
>>> t.value              # 读取属性值
4
>>> t.value = 8          # 设置属性值
>>> t.value
8
>>> del t.value          # 删除属性
>>> t.value              #属性已经被删除，再访问时抛出异常
Traceback (most recent call last):
  File "<pyshell#22>", line 1, in <module>
    t.value
  File "D:\workspace\python\chap\ch607.py", line 6, in __get
    return self.__value
AttributeError: 'Test' object has no attribute '_Test__value'
```

通过 property()函数来设置属性时，同样可根据需要设置属性的可读、可写或可删除操作及对数据做有效性检查。

【例 6-14】 设置属性的可读、可写操作，同时要求数据的合法取值范围是 0 ~ 100。

```
class Test:
    def __init__(self,value):
        self.__value = value


    def __get(self):
        return self.__value


    def __set(self,v):
        if 0 <= v <= 100:
            self.__value = v
        else:
            print('error')
```

```
    value = property(__get,__set)
```
运行代码，测试属性：
```
>>> t = Test(4)
>>> t.value
4
>>> t.value = 9
>>> t.value
9
>>> t.value = 999
error
>>> del t.value
Traceback (most recent call last):
  File "<pyshell#27>", line 1, in <module>
    del t.value
AttributeError: can't delete attribute
```

6.2.5 继承

继承实际上是面向对象程序设计中的两个类之间的一种关系。当一个类 A 能够获取另一个类 B 中所有非私有成员作为自己的部分或全部成员时，就称这两个类之间有继承关系。

继承是为代码复用和设计复用而设计的，是面向对象程序设计的重要特性之一。这种利用现有类派生出新类的过程就称为继承。新类既拥有原有类的特性，又增加了自身新的特性。设计一个新类时，如果可以继承一个已有的、设计良好的类进行二次开发，无疑会大幅度减少开发工作量。

在继承关系中，已有的、设计好的类称为父类或基类，新设计的类称为子类或派生类。

继承分为单继承和多继承，单继承是指任何一个子类只能有一个父类，而多继承是指一个子类可以有若干个父类。Python 支持多继承。

1. 继承定义格式

Python 中继承的实现是在定义子类时在子类名后面加上括号，括号里面为要继承的父类名。具体格式如下。
```
class 子类名(父类名1[，父类名2…])：
    子类成员定义
```
【例 6-15】 类的继承。
```
class Student:                    # 定义父类
    school = 'Tsinghua'
    def __init__(self,name):
        self.__name = name
```

微课 6-7：继承

```
    def out(self):
        print('name:',self.__name)
        print('school:',Student.school)


class MiddleStudent(Student):                # 定义子类
    pass


>>> s = Student('刘军')                       # 实例化一个父类对象
>>> s.out()
name: 刘军
school: Tsinghua
>>> ms = MiddleStudent('刘明')                # 实例化一个子类对象
>>> ms.out()
name: 刘明
school: Tsinghua
```

通过上述代码可以看出，子类MiddleStudent中没有编写任何代码，但自动继承了父类Student中所有的非私有成员。

2. 父类方法的调用

子类除了可以继承父类成员外，还可以添加自己的一些成员。如果需要在子类中调用父类的方法，可以使用内置函数 super().方法名()或者通过"父类名.方法名()"的方式来实现。

【例 6-16】 子类调用父类方法。

```
class Student:                              # 父类
    school = 'Tsinghua'
    def __init__(self,name):
        self.__name = name


    def out(self):
        print('name:',self.__name)
        print('school:',Student.school)


class MiddleStudent(Student):               # 子类
    def __init__(self,name,grade):
        Student.__init__(self,name)        # 调用父类方法，也可用 super().__init__(name)
        self.__grade = grade


    def out(self):
        Student.out(self)                  # 调用父类方法，也可用 super().out()
        print('grade:',self.__grade)
```

145

```
>>> s = Student('王小芳')            # 实例化一个父类对象
>>> s.out()
name: 王小芳
school: Tsinghua
>>> ms = MiddleStudent('李明',6)   # 实例化一个子类对象
>>> ms.out()
name: 李明
school: Tsinghua
grade: 6
```

3. 多继承

Python 支持多继承，如果父类中有相同的方法名，而在子类中使用时没有指定父类名，则 Python 解释器将从左向右按顺序进行搜索。

【例 6-17】 多继承。

```
class Student:
    def out(self):
        print('我是学生')


class Person:
    def out(self):
        print('我是中国人')


class MiddleStudent(Person,Student):  # 继承自两个父类
    pass


>>> ms = MiddleStudent()
>>> ms.out()                          # 调用的是 Person 父类中的方法
我是中国人
```

由上述结果可以看出，MiddleStudent 类的两个父类 Person 和 Student 都有 out()方法，在调用时没有指定父类名，则自动调用第一个父类 Person 中的 out()方法。

如果将子类 MiddleStudent 的两个父类交换顺序，则将会调用第一个父类 Student 中的 out()方法：

```
class MiddleStudent(Student, Person):# 继承自两个父类
    pass


>>> ms = MiddleStudent()
>>> ms.out()                          # 调用的是 Student 父类中的方法
我是学生
```

6.2.6　多态

多态是面向对象程序设计的又一特性。所谓多态，是指父类的同一个方法在不同子类对象中具有不同的表现或行为。子类继承了父类的成员后，可以重写父类成员方法，使其满足自己的需求，这就是多态的表现形式。在 Python 中主要通过重写父类方法来实现多态。

【例 6-18】　多态。

微课 6-8：多态

```
class Student:                    # 父类
    def out(self):
        print('我是学生')


class MiddleStudent(Student):     # 子类
    def out(self):
        print('我是中学生')


class PrimaryStudent(Student):    # 子类
    def out(self):
        print('我是小学生')


>>> s = Student()                 # 实例化一个父类对象
>>> s.out()
我是学生
>>> ms = MiddleStudent()          # 实例化一个子类对象
>>> ms.out()
我是中学生
>>> ps = PrimaryStudent()         # 实例化一个子类对象
>>> ps.out()
我是小学生
```

6.2.7　特殊方法和运算符重载

1. 特殊方法

在 Python 中，用户可以在自定义类里通过实现特殊方法来重载内建运算符。类可以重载所有的表达式运算符，以及输出、函数调用等内置操作。Python 类提供了大量的特殊方法，用以实现对应运算符的重载。这些特殊方法都以双下画线开始和结束，如前面提到的构造方法和析构方法。每个特殊方法都有不同的功能。自定义类想实现某些操作只需重写某个特殊方法即可。例如，需要自定义类能支持运算符"+"操作，只需重写相对应的__add__()方法即可。表 6-1 所示为部分 Python 类特殊方法。

表 6-1　部分 Python 类特殊方法

方法	功能说明
__new__()	类的静态方法，用于确定是否要创建对象
__init__()	构造方法，创建对象时自动调用
__del__()	析构方法，释放对象时自动调用
__add__()	算术运算符+
__sub__()	算术运算符−
__mul__()	算术运算符*
__truediv__()	算术运算符/
__floordiv__()	算术运算符//
__mod__()	算术运算符%
__pow__()	算术运算符**
__eq__()、__ne__()、__lt__()、__le__()、__gt__()、__ge__()	关系运算符==、!=、<、<=、>、>=
__lshift__()、__rshift__()	位运算符<<、>>
__and__()、__or__()、__invert__()、__xor__()	位运算符&、|、～、^
__len__()	与内置函数 len()对应
__next__()	与内置函数 next()对应
__reduce__()	提供对函数 reduce()的支持
__reversed__()	与内置函数 reversed()对应
__round__()	对内置函数 round()对应
__str__()	与内置函数 str()对应，要求该方法必须返回 str 类型的数据
__repr__()	输出、转换，要求该方法必须返回 str 类型的数据
__getitem__()	按照索引获取值
__setitem__()	按照索引赋值
__delattr__()	删除对象的指定属性
__getattr__()	获取对象指定属性的值，对应成员访问运算符"."

2. 运算符重载

假设定义了如下向量类：

```
class Vector:
    def __init__(self, a, b):
        self.__a = a
        self.__b = b

    def out(self):
        print('Vector({},{})'.format(self.__a, self.__b))
```

微课 6-9：特殊
方法与运算符
重载

然后实例化两个对象，将两个对象相加，会发现在执行相加运算时抛出异常：

```
>>> v1 = Vector(4,5)
>>> v2 = Vector(8,9)
>>> v1 + v2
Traceback (most recent call last):
  File "<pyshell#11>", line 1, in <module>
    v1 + v2
TypeError: unsupported operand type(s) for +: 'Vector' and 'Vector'
```

上述代码抛出异常的原因就是自定义类默认都是不支持常用运算符的，要想让其能支持某种运算符，需要重写相对应的特殊方法。

【例 6-19】 定义一个向量类 Vector，包含 2 个数据成员，实现两个向量相加运算。

```
class Vector:
    def __init__(self,a,b):
        self.__a = a
        self.__b = b

    def out(self):
        print('Vector({},{})'.format(self.__a,self.__b))

    def __add__(self,other):        # 重载运算符 "+"
        return Vector(self.__a + other.__a,self.__b + other.__b)

>>> v1 = Vector(3,4)
>>> v2 = Vector(4,8)
>>> v = v1 + v2                      # 两个向量相加
>>> v.out()
Vector(7,12)
```

上述代码在定义类时重写了__add__()方法，因此就可以支持运算符 "+" 操作。因此要想让这个向量类能够支持 "+" "-" "*" "/" 之类的操作，只需要在类中重写相应的__add__()、__sub__()、__mul__()、__truediv__()方法即可。

3. 定制对象的输出内容

在交互模式下直接显示对象或用 print()输出对象时，系统会调用相应的__str__()和__repr__()方法。如果自定义类没有重载这两个方法，系统会提供默认方法。

```
>>> v1
<__main__.Vector object at 0x000000E092DCB9B0>
>>> print(v1)
<__main__.Vector object at 0x000000E092DCB9B0>
```

这样的输出结果并不直观，要想重新定制对象的输出内容，可通过重载相应的特殊方法

__repr__()和__str__()来实现。

重载时可选择重载其中的一个，也可两个都重载。如果只重载__str__()方法，则只有 print()和 str()函数可调用这个方法进行转换。如果只重载__repr__()方法，可以保证各种操作下都能正确获得对象自定义的字符串形式。如果同时重载__str__()和__repr__()方法，则 print()和 str()函数调用的是__str__()方法，交互模式下直接显示和 repr()函数调用的是__repr__()方法。

【例 6-20】 定制对象的输出字符串内容。

```python
class Vector:
    def __init__(self, a, b):
        self.__a = a
        self.__b = b

    def out(self):
        print('Vector({},{})'.format(self.__a, self.__b))

    def __add__(self, other):
        return Vector(self.__a + other.__a, self.__b + other.__b)

    def __repr__(self):
        return 'This is a Vector'

    def __str__(self):
        return 'Vector'


>>> v1 = Vector(3,4)
>>> v1              # 调用的是__repr__()方法
this is a Vector
>>> repr(v1)       # 调用的是__repr__()方法
'this is a Vector'
>>> print(v1)      # 调用的是__str__()方法
Vector
>>> str(v1)        # 调用的是__str__()方法
'Vector'
```

如果希望不论是直接显示对象还是用 print()输出对象时，其输出内容都是相同的，只需要让两个方法都返回相同内容即可。或者只定义其中一个方法，然后利用赋值方式把其赋给另一个方法。

【例 6-21】 定制对象的字符串内容，使其输出内容都相同。

```python
class Vector:
    def __init__(self, a, b):
        self.__a = a
```

```
        self.__b = b

    def out(self):
        print('Vector({},{})'.format(self.__a, self.__b))

    def __add__(self, other):
        return Vector(self.__a + other.__a, self.__b + other.__b)

    def __repr__(self):
        return 'This is a Vector'

    __str__ = __repr__            # 把一个方法赋值给另一个方法

>>> v = Vector(3,4)
>>> v
this is a Vector
>>> print(v)
this is a Vector
```

6.3 任务实施

6.3.1 学生类的设计与实现

学生信息管理模块中每个学生的基本信息有学号、姓名、语文成绩、数学成绩和英语成绩。设计一个学生类，包含学号、姓名、语文成绩、数学成绩和英语成绩等数据成员，然后添加一个构造方法，用于实例化时可直接传入相应的参数来创建学生对象，代码如下。

```
class Student:
    def __init__(self,no,name,chinese,math,english):
        self.no = no
        self.name = name
        self.chinese = int(chinese)
        self.math = int(math)
        self.english = int(english)
```

6.3.2 学生管理类的设计与实现

设计一个学生信息管理类 StudentList 用于实现对所有学生信息的管理，如学生信息的添加、删除、修改和显示等功能。代码如下。

```python
class StudentList:
    def __init__(self):
        self.stulist = []


    def show(self):              # 显示学生信息
        print('{:8}\t{:8}\t{:8}\t{:8}\t{:8}'.format('学号','姓名','语文','数学','英语'))
        for stu in self.stulist:
            print('{:8}\t{:8}\t{:<8}\t{:<8}\t{:<8}'
                .format(stu.no,stu.name,stu.chinese,stu.math,stu.english))


    def insert(self):            # 添加学生信息
        while True:
            no = input('学号:')
            name = input('姓名:')
            chinese = input('语文成绩:')
            math = input('数学成绩:')
            english = input('英语成绩:')
            stu = Student(no,name,chinese,math,english)
            self.stulist.append(stu)
            choice = input('继续添加(y/n)?').lower()
            if choice == 'n':
                break


    def delete(self):            # 删除学生信息
        while True:
            no = input('请输入要删除的学生学号:')
            for stu in self.stulist[::]:
                if stu.no == no:
                    self.stulist.remove(stu)
                    print('删除成功')
                    break
                else:
                    print('该学号不存在')
            choice = input('继续删除(y/n)?').lower()
            if choice == 'n':
                break


    def update(self):            # 修改学生信息
```

```
    while True:
        no = input('请输入要修改的学生学号:')
        for stu in self.stulist:
            if stu.no == no:
                stu.name = input('姓名:')
                stu.chinese = input('语文成绩:')
                stu.math = input('数学成绩:')
                stu.english = input('英语成绩:')
                print('修改成功')
                break
        else:
            print('该学号不存在')
        choice = input('继续修改(y/n)?').lower()
        if choice == 'n':
            break


def print_menu(self):              # 输出菜单
    print('学生基本信息管理'.center(20,'-'))
    print('insert--------添加学生信息')
    print('delete--------删除学生信息')
    print('update--------修改学生信息')
    print('show----------显示学生信息')
    print('return--------返回')
    print('-'*28)


def main(self):                    # 主控方法
    self.print_menu()
    while True:
        s = input('info>').strip().lower()
        if s == 'show':
            self.show()
        elif s == 'insert':
            self.insert()
        elif s == 'delete':
            self.delete()
        elif s == 'update':
            self.update()
        elif s =='return':
```

```
            break
        else:
            print('输入错误')
```

6.3.3　系统测试

实例化一个学生管理类，然后调用其主控方法，代码如下。

```
if __name__ == '__main__':
    st = StudentList()
    st.main()
```

程序运行结果如图 6-1～图 6-3 所示，由运行结果可以看出，系统能够正常实现学生信息的添加、修改、删除和显示等基本功能。

图 6-1　学生信息添加和显示

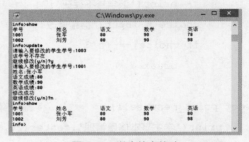

图 6-2　学生信息修改

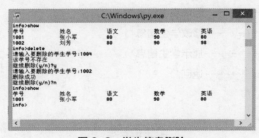

图 6-3　学生信息删除

6.4　任务小结

通过本任务的学习，我们了解了面向对象程序设计的基本思想，理解和掌握了类的使用方法。"强内聚，弱耦合"，合理使用访问控制权限，能够让程序更加"健壮"。

6.5　练习题

一、填空题

1. 面向对象程序设计的三大特性是封装、继承和_____。

2. 定义类时实现了__eq__()方法，该类对象即可支持运算符_____。

3. 在 Python 中定义类时，与运算符"//"对应的特殊方法名为_____。

4．类成员包括_____和方法成员。

5．方法成员分为实例方法、类方法和_____。

二、判断题

1．定义类时所有实例方法的第一个参数用来表示对象本身，在类的外部通过对象名来调用实例方法时不需要为该参数传值。　　　　　　　　　　　　　　　　　　　　　　　（　　　）

2．如果定义类时没有编写析构方法，Python 将提供一个默认的析构方法进行必要的资源清理工作。　　　　　　　　　　　　　　　　　　　　　　　　　　　　　　　　　（　　　）

3．Python 支持多继承，如果父类中有相同的方法名，而在子类中调用时没有指定父类名，则 Python 解释器将从左向右按顺序进行搜索。　　　　　　　　　　　　　　　　（　　　）

4．在 Python 中定义类时，实例方法的第一个参数名称必须是 self。　　　　（　　　）

5．Python 对数据成员和方法成员的访问控制权限有 3 种：公有的、受保护的和私有的。
　　　　　　　　　　　　　　　　　　　　　　　　　　　　　　　　　　　　（　　　）

6．定义类时实现了__pow__()方法，该类对象即可支持运算符**。　　　　（　　　）

7．定义类时，在一个方法前面使用@staticmethod 进行修饰，则该方法属于静态方法。
　　　　　　　　　　　　　　　　　　　　　　　　　　　　　　　　　　　　（　　　）

8．定义类时实现了__len__()方法，该类对象即可支持内置函数 len()。　　（　　　）

9．Python 中类的继承只支持单继承，不支持多继承。　　　　　　　　　　（　　　）

10．多态是指一个类中有多个不同方法。　　　　　　　　　　　　　　　　（　　　）

三、上机练习题

1．设计一个学生类 Student，类的数据成员包括 name（姓名）、age（年龄）、scores（成绩，包括语文、数学和英语 3 科成绩，每科成绩的类型为整型），该类有如下 3 个方法。

① 获取学生姓名的方法：get_name()，返回类型为 str。

② 获取学生年龄的方法：get_age()，返回类型为 int。

③ 返回 3 门科目中最高的分数：get_course()，返回类型为 int。

2．设计一个动物类 Animal，有 color（颜色）数据成员和 call()（叫）方法。再设计一个 Fish（鱼）类，该类有 tail（尾巴）和 color 数据成员，以及 call()（叫）方法。

3．设计一个图书类 Book，有书号、书名、作者、出版社等数据成员和输出图书基本信息的显示方法。

4．设计一个课程类，包括课程编号、课程名称、任课教师、上课地点等数据成员，上课地点为私有数据成员，添加构造方法和显示课程信息的方法。

5．设计一个 Circle（圆）类，求其周长和面积。

6．采用面向对象方法求不同图形（如圆、正方形、长方形等）的周长和面积。

7．设计一个向量类，包含 2 个数据成员，实现向量的加、减、乘、除运算。

6.6　拓展实践项目——设计商品类和商品管理类

采用面向对象程序方法来实现商品信息管理子模块的主要功能：商品信息的添加、删除、修改和显示。请设计相应的商品类和商品管理类来实现系统的各功能。

任务7
数据的导入导出

学习目标

- 了解文件的分类及编码方式。
- 理解文件的各种打开模式。
- 掌握文件的基本操作。
- 掌握目录的基本操作。

能力目标（含素养要点）

- 能够熟练进行文件的读写操作。
- 能够熟练使用 with 语句进行文件操作（勤思多练）。
- 能够熟练使用文件与目录的操作实现相应功能（知行合一）。

7.1 任务描述

本任务需要完成学生数据的导入、导出，将学生基本信息数据保存到文件中，需要时可直接从文件中读取数据。要完成本任务，需要了解和掌握 Python 中文件的相关操作。

7.2 技术准备

文件是指一组相关数据的有序集合，该数据集有一个名称，称为文件名。文件通常是存放在外部介质（如硬盘、U 盘等）上的，使用时才调入内存中。

按文件中数据的不同组织形式（编码方式），可将文件分为文本文件和二进制文件两类。

1. 文本文件

文本文件也称 ASCII 文件，文件中存储的是常规字符串，由若干文本行组成，通常每行以换行符 "\n" 结尾。常规字符串是指记事本或其他文本编辑器能正常显示、编辑并且人类能够直接阅读和理解的字符串，如英文字母、汉字、数字等字符串。

2. 二进制文件

二进制文件把对象内容以字节串（bytes）进行存储，无法用记事本或其他普通字处理软件直接进行编辑，通常也无法被人类直接阅读和理解，需要使用专门的软件进行解码后读取、显示、修改或执行。常见的如图形图像文件、音视频文件、可执行文件、资源文件、各种数据库文件、各类 office 文档等都属于二进制文件。

7.2.1 文件的打开与关闭

在对文件进行读写操作之前要先打开文件，使用完毕要关闭文件。所谓打开文件，实际上就是建立文件的各种有关信息，并使文件指针指向该文件，以便进行其他操作。关闭文件则是指断开指针与文件之间的联系，也就是禁止再对该文件进行操作，同时释放文件所占用的资源。

1. 文件的打开

文件的打开使用 open()函数。

格式：`open(file,mode='r',buffering=-1,encoding=None,errors=None,newline=None,closefd=True,opener=None)`

功能：以指定的模式打开指定文件。

该函数的常用参数含义如下。

① 参数 file 用于指定要打开的文件。

② 参数 mode 用于指定文件打开模式。文件打开模式如表 7-1 所示。以不同模式打开文件时，文件指针的初始位置略有不同。以"只读"和"只写"模式打开时，文件指针的初始位置是文件头，以"追加"模式打开文件时，文件指针的初始位置是文件尾。

微课 7-1：文件的打开与关闭

③ 参数 encoding 用于指定文件的编码方式，此参数只对文本文件有效。

④ 参数 newline 表示文件中新行的形式，只适用于文本模式，取值可以是 None、''、'\n'、'\r'、'\r\n'。

表 7-1　文件打开模式

模式	说明
r	读模式（默认模式，可省略），如果文件不存在，则抛出异常
w	写模式，如果文件已存在，先清空原有内容
x	写模式，创建新文件，如果文件已存在，则抛出异常
a	追加模式，不覆盖文件中原有内容
b	二进制模式（与r、w、x、a 模式组合使用）
t	文本模式（默认模式，可省略，与r、w、x、a 模式组合使用）
+	在原功能基础上增加同时读写功能（与r、w、x、a 模式组合使用）

说明　如果执行正常，open()函数会返回 1 个可迭代的文件对象，通过该文件对象可以对文件进行读写操作；如果指定文件不存在、访问权限不够、磁盘空间不够或其他原因导致文件操作失败，则会抛出异常。

```
>>> fp = open('a.txt','w')              # 以只写模式打开当前路径下的文件 a.txt
>>> fp = open('d:/data.dat','wb')       # 以只写模式打开二进制文件 d:/data.dat
>>> fp = open('d:/temp.data','r')       # 要打开的文件不存在，抛出异常
Traceback (most recent call last):
  File "<pyshell#1>", line 1, in <module>
    fp = open('d:/temp.data','r')
FileNotFoundError: [Errno 2] No such file or directory: 'd:/temp.data'
```

2. 文件的关闭

格式：文件对象.close()

功能：把缓冲区的内容写入文件，同时关闭文件，并释放文件对象。

说明　文件对象是指用 open()函数打开后返回的对象。

7.2.2　文本文件的读写操作

1. 写操作

Python 中提供了不同的方法进行文本文件的写操作。

（1）write()方法

格式：文件对象.write(s)

功能：把字符串 s 写入文件中。

说明如下。

① 被写入的文件可以采用写、追加模式打开，用写模式打开一个已经存在的文件时，将清除原有的文件内容，写入字符从文件首开始。如需保留原有文件内容，可以追加模式打开文件。

② 每写入一个字符串，文件内部位置指针会向后移动到末尾，指向下一个待写入的位置。

③ 写入内容时，系统不会添加换行符，如需换行，可在字符串 s 中加入相应的换行符。

④ 在交互模式下写入成功时，返回本次写入文件中的字节数。

【例 7-1】 在指定目录下新建文本文件 test1.txt，往里面写入如下两行内容。

Hello,Python
Hello,world

```
>>> fp = open('d:/test1.txt','w')             # 以写模式打开文件
>>> fp.write('Hello,Python\nHello,world\n')   # 写入内容
25                                             # 本次成功写入的字节数
>>> fp.close()                                 # 关闭文件
```

此时 test1.txt 文件中内容即 write()写入结果如图 7-1 所示。

（2）writelines()方法

格式：文件对象.writelines(slist)

功能：把字符串列表 slist 写入文本文件中。

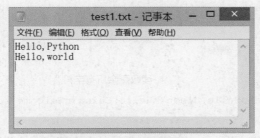

图 7-1　write()写入结果

> **说明**　用 write()方法一次只能写入一个字符串，如果想一次写入多个字符串，可将这多个字符串放入一列表中，然后利用 writelines()方法写入。同样，该方法也不会自动添加换行符。

【**例 7-2**】　在例 7-1 所建的文件 test1.txt 中再添加如下内容。

Hello,Jinan

Hello,China

Welcome to learn Python

```
>>> fp = open('d:/test1.txt','a')
>>> slist = ['Hello,Jinan\n','Hello,China\n','Welcome to learn Python\n']
>>> fp.writelines(slist)
>>> fp.close()
```

此时 test1.txt 文件中内容如图 7-2 所示。

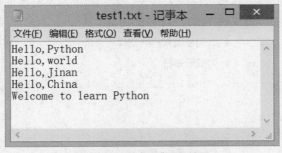

图 7-2　writelines()运行结果

微课 7-2：文本文件的读写操作

2．读操作

Python 中提供了多种不同的方式来读取文件中的内容。

（1）read()方法

格式：文件对象.read([size])

功能：从文本文件中读取 size 个字符的内容，如果省略 size，则表示读取所有内容，返回结果为字符串。

【**例 7-3**】　利用 read()方法读取例 7-2 中建立的文件 test1.txt 中的内容。

```
>>> fp = open('d:/test1.txt','r')        # 以只读模式打开文件
>>> fp.read(4)                           # 读 4 个字符
```

```
'Hell'
>>> fp.read(2)                        # 读 2 个字符
'o,'
>>> fp.read()                         # 读取剩余所有字符
'Python\nHello,world\nHello,Jinan\nHello,China\nWelcome to learn Python\n'
>>> fp.close()
```

由上述代码可看出，每次调用 read()方法时都是从上次读取的位置开始继续向下读取数据。

（2）readline()方法

格式：文件对象.readline()

功能：从文本文件中读取一行内容，返回结果为字符串。

【例 7-4】 利用 readline()方法读取文件 test1.txt 中的内容。

```
>>> fp = open('d:/test1.txt','r') # 以只读模式打开文件
>>> fp.readline()                 # 读取一行
'Hello,Python\n'
>>> fp.readline()                 # 读取一行
'Hello,world\n'
>>> fp.close()                    # 关闭文件
```

同样，每次调用 readline()方法时也是从上次读取的位置开始继续向下读取数据。

（3）readlines()方法

格式：文件对象.readlines()

功能：一次读取整个文件，将文件内容按行存储为列表，返回结果为字符串列表。

【例 7-5】 利用 readlines()方法读取文件 test1.txt 中的内容。

```
>>> fp = open('d:/test1.txt','r') # 以只读模式打开文件
>>> fp.readlines()               # 读取所有行
['Hello,Python\n', 'Hello,world\n', 'Hello,Jinan\n', 'Hello,China\n', 'Welcome to
learn Python\n']
>>> fp.close()
```

7.2.3 文件常用方法和属性

1. 方法

除了前面介绍的文件的打开、关闭及读写操作方法之外，文件还有一些常用的内置方法，如表 7-2 所示。

表 7-2 文件常用方法

方法	功能说明
flush()	把缓冲区的内容写入文件，但不关闭文件
readable()	测试当前文件是否可读

续表

方法	功能说明
seek(offset[, whence])	把文件指针移动到新的位置，offset 表示相对于 whence 的位置。whence 为 0，表示从文件头开始计算；whence 为 1，表示从当前位置开始计算；whence 为 2，表示从文件尾开始计算，默认为 0
seekable()	测试当前文件是否支持随机访问，如果文件不支持随机访问，则调用方法 seek()、tell()和 truncate()时会抛出异常
tell()	返回文件指针的当前位置
truncate([size])	删除从当前指针位置到文件末尾的内容。如果指定了 size,则不论指针在什么位置都只留下前 size 个字节，其余的一律删除
writable()	测试当前文件是否可写

　　文件在进行读写操作时，总是从上次读写的位置开始继续向下进行读写操作。实际上，在进行读写操作时,会有一个文件指针来指示当前的读写位置。Python 中提供了相关的方法 tell()和 seek()用于获取或设置文件指针。通过自行设置文件指针位置可实现文件的随机读取。

【例 7-6】 文件指针操作。

```
>>> fp = open('d:/test1.txt','r')
>>> fp.tell()          # 文件刚打开时指针处于文件首
0
>>> fp.seek(6)         # 移动指针位置
6
>>> fp.read(6)         # 从当前指针位置开始读取
'Python'
>>> fp.tell()          # 当前指针位置
12
>>> fp.close()         # 关闭文件
```

微课 7-3：文件常
用方法和属性

2. 属性

文件常用属性如表 7-3 所示。

表 7-3　文件常用属性

属性	说明
buffer	返回当前文件的缓冲区对象
closed	判断文件是否关闭，若文件已关闭则返回 True
mode	返回文件的打开模式
name	返回文件的名称

【例 7-7】 文件属性的使用。

```
fp = open('d:/test1.txt','r')
print('当前缓冲区对象: ',fp.buffer)
print('当前文件是否关闭: ',fp.closed)
```

```
print('当前文件打开模式: ',fp.mode)
print('当前打开的文件: ',fp.name)
fp.close()
```

【运行结果】

当前缓冲区对象: <_io.BufferedReader name='d:/test1.txt'>

当前文件是否关闭: False

当前文件打开模式: r

当前打开的文件: d:/test1.txt

7.2.4 上下文管理语句 with

在使用文件的过程中，即使写了关闭文件的代码，也无法保证文件一定能够正常关闭。例如，如果在打开文件之后和关闭文件之前发生了错误导致程序崩溃，这时文件就无法正常关闭。在管理文件对象时推荐使用 with 语句，可以有效地避免这个问题。

With 语句可自动管理资源，总能保证文件被正确关闭，可以在代码块执行完毕后自动还原进入该代码块时的上下文，常用于文件操作、数据库连接、网络通信连接等场合。用于文件内容读写时，其用法如下。

```
with open(filename,mode) as 文件对象名:
    通过文件对象读写文件的语句
```

【例 7-8】 利用 with 语句依次读取文件 test1.txt 中的内容并显示。

```
with open('d:/test1.txt','r') as fp:
    for line in fp:
        print(line.strip())
```

微课 7-4：上下文
管理语句 with

【运行结果】

```
Hello,Python
Hello,world
Hello,Jinan
Hello,China
Welcome to learn Python
```

> **说明** 打开文件时返回的文件对象是可迭代对象，因此可利用 for 循环迭代输出其内容。

上下文管理语句 with 还支持一次打开两个文件，其使用格式如下。

```
with open(filename,mode) as 文件对象名,open(filename,mode) as 文件对象名:
    文件操作语句块
```

【例 7-9】 利用 with 语句实现文件的复制。

```
with open('d:/test1.txt','r') as src, open('d:/test1_bak.txt','w') as dst:
    dst.write(src.read())
```

【**例 7-10**】 设有文本文件 data.txt，文件内容每一行为一个整数，如图 7-3 所示。将所有数据升序排列后写入新文件 data_asc.txt 中。

图 7-3　data.txt 文件内容

```
with open('d:/data.txt','r') as fp:          # 以只读模式打开文件
    data = fp.readlines()                     # 读出内容到列表中

data = [int(line.strip()) for line in data]  # 将所有元素转换成整型
data.sort()                                   # 升序排列
data = [str(i) + '\n' for i in data]          # 将整型转换成字符串

with open('d:/data_asc.txt','w') as fp:       # 以写模式打开文件
    fp.writelines(data)                       # 写入内容
```

程序运行后生成了新文件 data_asc.txt，文件内容如图 7-4 所示。可以看到数据已经被升序排列。

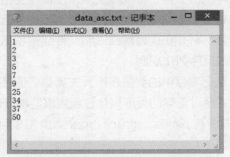

图 7-4　data_asc.txt 文件内容

【**例 7-11**】 设有文件 data2.txt，内容包含若干用逗号分隔的整数，文件内容如图 7-5 所示。将数据降序排列后写入文件 data2_desc.txt 中。

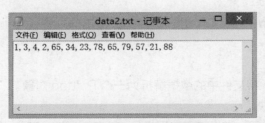

图 7-5　data2.txt 文件内容

```
with  open('d:/data2.txt','r') as fp:        # 以读模式打开文件
    data = fp.read().split(',')              # 读出所有内容并以逗号分隔


data = list(map(int,data))                   # 将所有元素转换成整型
data.sort(reverse = True)                    # 降序排列
data = ','.join(map(str,data))               # 将整型转换成字符串


with open('d:/data2_desc.txt','w') as fp:    # 以写模式打开文件
    fp.write(data)                           # 写入文件
```

程序运行后生成新文件 data2_desc.txt，文件内容如图 7-6 所示，其中的数据已经被降序排列。

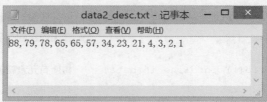

图 7-6　data2_desc.txt 文件内容

7.2.5　二进制文件操作

数据库文件、图像文件、可执行文件、音视频文件、Office 文档等均属于二进制文件。对于二进制文件，不能使用记事本或其他文本编辑软件进行正常读写，也无法通过 Python 的文件对象直接读取和理解二进制文件的内容。必须正确理解二进制文件结构和序列化规则，才能准确地理解二进制文件内容并且设计出正确的反序列化规则。

所谓序列化，简单地说就是把内存中的数据在不丢失其类型信息的情况下转成对象的二进制形式的过程，对象序列化后的形式经过正确的反序列化过程应该能够准确无误地恢复为原来的对象。

Python 中常用的序列化模块有 pickle、struct、marshal 和 shelve 等。在此以 pickle 模块为例介绍二进制文件的基本操作。

1. pickle 模块的使用

pickle 模块里最常用的两个函数就是对象的序列化与反序列化函数。

（1）对象的序列化

格式：dump(obj, file)

功能：序列化对象 obj，并将结果数据流写入文件对象 file 中。

（2）对象的反序列化

格式：load(file)

功能：反序列化对象。将文件中的数据解析为一个 Python 对象。

微课 7-5：二进制
文件操作

【例 7-12】 pickle 模块使用。

假设有一组学生信息，每个学生信息包括学号、姓名、性别、年龄，将其存入文件 students.dat

中，然后依次读取出来。

```
import pickle

students = [['1001','张明','男',23],['1002','王芳','女',22],['1003','刘明','男',24]]
with open('d:/students.dat','wb') as fp:
    pickle.dump(students,fp)

with open('d:/students.dat','rb') as fp:
    datas = pickle.load(fp)
    for data in datas:
        print(data)
```

【运行结果】

```
['1001', '张明', '男', 23]
['1002', '王芳', '女', 22]
['1003', '刘明', '男', 24]
```

利用记事本或其他文本编辑工具打开文件 students.dat，可发现其内容是一堆看不懂的乱码，如图 7-7 所示。二进制文件无法用记事本之类的文本编辑工具正常查看。

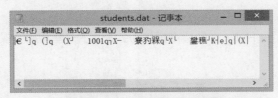

图 7-7　students.dat 文件内容

2. 二进制模式读写文本文件

实际上所有文件都是二进制文件，因为文件存储的就是二进制数据。文本文件也是二进制文件，只不过存储的二进制数据能通过一定的编码转换为能够识别的字符而已。二进制文件"认为"数据都是字节流，因此不存在编码问题，只有文本文件才有编码问题。因文本文件本质也是二进制文件，因此也能以二进制模式读写文本文件。在采用二进制模式读写时只能用 read() 和 write() 方法，读写的只能是字节流。写入时可以通过 encode() 方法将字符串编码成字节流，或直接写入字节串，读出时可利用 decode() 将字节流解码。

```
>>> fp = open('d:/test.dat','wb')          # 以二进制写模式打开文件
>>> fp.write('this is a test'.encode())    # 将字符串编码后写入
14
>>> fp.write(b'hello')                      # 可以写入字节串
5
>>> fp.write('python')                      # 二进制模式读写时不能直接写入字符串
Traceback (most recent call last):
  File "<pyshell#36>", line 1, in <module>
```

```
     fp.write('python')
TypeError: a bytes-like object is required, not 'str'
>>> fp.close()
>>> fp = open('d:/test.dat','rb')          # 以二进制读模式打开文件
>>> fp.read()
b'this is a testhello'                      # 读出来的是字节串
>>> fp.seek(0)                              # 将指针移动到文件首
0
>>> fp.read().decode()                      # 将读出来的字节串解码
'this is a testhello'
>>> fp.close()
```

实际上对以二进制模式写入的文本文件也可通过文本模式读取。

```
>>> fp = open('d:/test.dat','r')
>>> fp.read()
'this is a testhello'
```

7.2.6　文件与目录操作

1. os 模块

为方便文件与目录操作，Python 的标准模块 os 提供了一些常用的操作文件与目录的方法，如表 7-4 所示。

表 7-4　os 模块常用方法

方法	功能说明
remove(fn)	删除指定文件 fn，如文件不存在则抛出异常
rename(src,dst)	文件重命名
getcwd()	获取当前目录
listdir([path])	返回当前目录或指定目录下的所有文件和子目录
mkdir(path)	创建一个目录
rmdir(path)	删除指定目录（要删除的目录须为空目录）
chdir(path)	改变当前目录

```
>>> import os                                      # 导入 os 模块
>>> os.remove('d:/score.csv')                      # 删除文件
>>> os.rename('d:/score2.csv','d:/score.csv')      # 文件重命名
>>> os.mkdir('d:/tt')                              # 创建目录
>>> os.mkdir('d:/tt/t1')
>>> os.mkdir('d:/tt/t2')
>>> os.listdir('d:/tt')                            # 显示指定目录中的内容
```

微课 7-6：文件与
目录操作

```
['t1', 't2']
>>> os.rmdir('d:/tt/t1')                              # 删除目录
>>> os.listdir('d:/tt')
['t2']
>>> os.chdir('d:/tt')                                 # 改变当前目录
>>> os.getcwd()                                       # 获取当前目录
'd:\\tt'
```

2. os.path 模块

os.path 模块提供了一些用于路径判断、切分、连接及目录遍历的常用方法，如表 7-5 所示。

表 7-5　os.path 模块常用方法

方法	功能说明
abspath(path)	返回指定路径的绝对路径
basename(path)	返回指定路径的文件名
dirname(path)	返回指定路径的目录名
exists(path)	判断给定的路径或文件是否存在
isabs(path)	判断给定的路径是否为绝对路径
isdir(path)	判断给定的路径是否为目录
isfile(path)	判断给定的路径是否为文件
getsize(path)	获取给定路径或文件的大小
getctime(path)	获取路径或文件创建时间，以时间戳形式返回
getmtime(path)	获取路径修改时间，以时间戳形式返回
getatime(path)	获取路径或文件最后一次访问时间，以时间戳形式返回

```
>>> import os.path                                    # 导入 os.path 模块
>>> os.path.abspath('d:/temp/t')                      # 返回指定路径的绝对路径
'd:\\temp\\t'
>>> os.path.basename('d:/temp/t1/data2.txt')          # 返回文件名
'data2.txt'
>>> os.path.dirname('d:/temp/t1/data2.txt')           # 返回路径名
'd:/temp/t1'
>>> os.path.exists('d:/temp/t1/data2.txt')            # 判断文件是否存在
True
>>> os.path.isabs('d:/temp/t1/data2.txt')             # 判断是否是绝对路径
True
>>> os.path.isdir('d:/temp/t1/data2.txt')             # 判断是否是目录
False
```

```
>>> os.path.isfile('d:/temp/t1/data2.txt')          # 判断是否是文件
True
>>> os.path.getsize('d:/temp/t1/data2.txt')         # 获取文件大小
34
>>> os.path.getctime('d:/temp/t1/data2.txt')        # 返回文件创建时间戳
1547901065.8160024
>>> os.path.getmtime('d:/temp/t1/data2.txt')        # 返回文件修改时间戳
1547886607.8997464
>>> os.path.getatime('d:/temp/t1/data2.txt')        # 返回文件最后一次访问时间戳
1547901065.8160024
```

7.2.7 文件使用示例

【**例 7-13**】 设有一 Python 程序文件（扩展名为 ".py"），给其行首加上行号。

```
fn = 'd:/ch308.py'                                  # 原文件
newfn = fn[:-3] +'_new.py'                          # 加行号后的新文件名
with open(fn,'r',encoding = 'utf-8') as fp:         # 读取原文件
    lines = fp.readlines()
# 在每一行前面加上行号
lines = [str(index) + ' '*3 + line for index,line in enumerate(lines,1)]
with open(newfn,'w',encoding = 'utf-8') as fp:      #写回文件中
    fp.writelines(lines)
```

原文件内容与加行号后的文件内容分别如图 7-8 和图 7-9 所示。

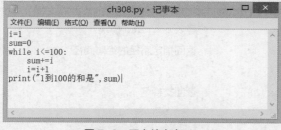

图 7-8 原文件内容

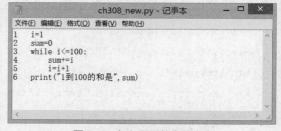

图 7-9 加行号后的文件内容

【**例 7-14**】 将一组学生的信息（姓名、语文成绩、数学成绩、英语成绩）写入文件 score.txt 中，一行存储一个学生的信息，各字段间以逗号分隔。然后读取文件中的内容，计算每个学生的平均分，将结果（姓名、平均成绩）写入文件 result.txt 中。

```
students = ['王芳,89,98,78\n','刘梅,90,80,98\n','孙明,87,67,76\n']
with open('d:/score.txt','w') as fp:                        # 写入文件中
    fp.writelines(students)
```

```
with open('d:/score.txt','r') as fp1,open('d:/result.txt','w') as fp2:
    for line in fp1:
        stuname = line.strip().split(',')[0]               # 读取学生姓名
        score = list(map(int,line.strip().split(',')[1:])) # 读取学生成绩
        aver = round(sum(score)/len(score),2)              # 求平均成绩，保留 2 位小数
        fp2.write(stuname+','+str(aver)+'\n')              # 将姓名、平均成绩写入文件中
```

程序运行后生成文件 score.txt 和 result.txt，文件内容分别如图 7-10 和图 7-11 所示。

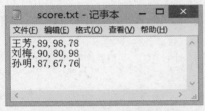

图 7-10　score.txt 文件内容

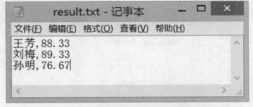

图 7-11　result.txt 文件内容

【例 7-15】 将指定目录下所有的.txt 文件改名为原文件名_new.txt。

```
import os


path = 'd:/temp'                        # 指定目录
os.chdir(path)                          # 修改当前目录
#找出当前目录下所有的.txt 文件
fnlist = [fn for fn in os.listdir() if os.path.isfile(fn) and fn.endswith('.txt')]
for fn in fnlist:                       # 将每个文件依次改名
    newname = fn[:-4] + '_new.txt'      # 新文件名
    os.rename(fn,newname)               # 重命名
```

设程序运行前目录中的内容如图 7-12 所示。程序运行后目录中的内容如图 7-13 所示，可以看出所有的.txt 文件都已经被改名。

图 7-12　程序运行前目录中的内容

图 7-13　程序运行后目录中的内容

7.3 任务实施

7.3.1 数据的导入

设学生基本信息数据保存在一个文本文件中，文件中每一行存放一条学生记录，各字段之间用逗号分隔。在任务 6 实现的学生信息管理类 StudentList 中添加一个数据导入方法，代码如下。

```python
def load(self,fn):            # 导入学生信息
    if os.path.exists(fn):
        with open(fn,'r',encoding = 'utf-8') as fp:
            while True:
                fs = fp.readline().strip('\n')
                if not fs:
                    break
                else:
                    stu = Student(*fs.split(','))
                    self.stulist.append(stu)
        print('导入完毕')
    else:
        print('要导入的文件不存在')
```

7.3.2 数据的导出

将学生基本信息数据导出到文本文件中，文件中每一行存放一条学生记录，各字段之间用逗号分隔。在任务 6 实现的学生信息管理类 StudentList 中添加一个数据导出方法，代码如下。

```python
def save(self,fn):              # 导出学生信息
    with open(fn,'w',encoding = 'utf-8') as fp:
        for stu in self.stulist:
            fp.write(stu.no + ',')
            fp.write(stu.name + ',')
            fp.write(str(stu.chinese) + ',')
            fp.write(str(stu.math) + ',')
            fp.write(str(stu.english) + '\n')
        print('导出完毕')
```

7.3.3 系统界面

在任务 6 实现的学生信息管理类 StudentList 中的 print_menu()方法中添加数据导入、导出相应的菜单功能，在主控方法 main()中添加数据导入、导出相应的逻辑处理。修改后的代码如下。

```python
def print_menu(self):              # 输出菜单
    print('学生基本信息管理'.center(20,'-'))
    print('load----------导入学生信息')
    print('insert--------添加学生信息')
    print('delete--------删除学生信息')
    print('update--------修改学生信息')
    print('show----------显示学生信息')
    print('save----------导出学生信息')
    print('return--------返回')
    print('-'*28)


def main(self):                    #主控函数
    self.print_menu()
    while True:
        s = input('info>').strip().lower()
        if s == 'load':
            fn = input('请输入要导入的文件名:')
            self.load(fn)
        elif s == 'show':
            self.show()
        elif s == 'insert':
            self.insert()
        elif s == 'delete':
            self.delete()
        elif s == 'update':
            self.update()
        elif s == 'save':
            fn = input('请输入要导出的文件名:')
            self.save(fn)
        elif s =='return':
            break
        else:
            print('输入错误')
```

7.3.4 系统测试

实例化 StudentList 类，调用其主控方法 main()，代码如下。

```python
if __name__ == '__main__':
```

```
st = StudentList()
st.main()
```

运行程序，测试系统各功能。

设要导入的文件中的内容如图 7-14 所示。

执行导入命令后的运行结果如图 7-15 所示。

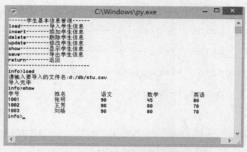

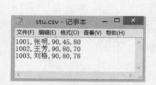

图 7-14　导入的文件中的内容　　　　　　　　图 7-15　数据导入结果

对数据做相应的编辑和修改，然后将编辑和修改完毕的数据导出到文件中，结果如图 7-16 所示。导出文件中的内容如图 7-17 所示。

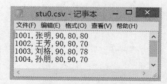

图 7-16　数据导出结果　　　　　　　　　　图 7-17　导出文件中的内容

由上述程序运行结果可以看出，系统能够正常完成数据的导入、导出。

7.4　任务小结

通过本任务的学习，我们了解和掌握了文件的基本操作，能够熟练使用文件进行数据的导入、导出。不积跬步，无以至千里；不积小流，无以成江海。学习非一日之功，需要我们平时一点一滴的积累。

7.5　练习题

一、填空题

1. Python 内置函数_____用来打开或创建文件并返回文件对象。

2. os 模块中的_____方法可返回包含指定路径中所有文件和文件夹名称的列表。

3. os.path 模块中用来判断指定文件是否存在的方法是＿＿＿＿＿。

4. os.path 模块中用来判断指定路径是否为文件夹的方法是＿＿＿＿＿。

5. os 模块中的＿＿＿＿＿方法可以删除文件。

6. 读写文件时，利用＿＿＿＿＿方法可获取当前的读写位置。

7. 使用 readlines()方法读取文件时，返回结果是一个＿＿＿＿＿。

8. 读写文件时，使用＿＿＿＿＿方法可重新定位读写位置。

9. 要往一个已有文件末尾添加信息，应使用的文件打开模式是＿＿＿＿＿。

10. pickle 模块中的＿＿＿＿＿方法用于序列化对象。

二、判断题

1. 使用上下文管理语句 with 可以自动管理文件对象，不论何种原因结束 with 中的语句块，都能保证文件被正确关闭。（　　）

2. os.path 模块中用来判断指定路径是否为文件的方法是 isfile()。（　　）

3. os.path 模块中用来判断指定路径是否为文件夹的方法是 isdir()。（　　）

4. os 模块中的方法 remove()可以删除带有只读属性的文件。（　　）

5. 使用内置函数 open()且以"w"模式打开的文件，文件指针默认指向文件尾。（　　）

6. 使用内置函数 open()打开文件时，只要文件路径正确就总是可以正确打开的。（　　）

7. 二进制文件不能使用记事本打开。（　　）

8. 使用普通文本编辑器软件也可以正常查看二进制文件的内容。（　　）

9. 二进制文件也可以使用记事本或其他文本编辑器打开，但是一般来说无法正常查看其中的内容。（　　）

10. 文件对象的 tell()方法用来返回文件指针的当前位置。（　　）

三、上机练习题

1. 新建一个文本文件，写入内容"欢迎学习 Python 程序设计"。

2. 现有一组学生信息（学号、姓名、性别、成绩），将其写入文件中。

3. 已知一个文本文件中存放了若干整数，求所有整数的平均值。

4. 设有一个英文文本文件，读取其内容，把其中的大写字母变成小写字母，小写字母变成大写字母，将改变后的内容写入另一个文本文件中。

5. 将指定目录下所有的.docx 文件改名为原文件名_new.docx。

7.6 拓展实践项目——导入和导出商品信息数据

商品信息管理系统中所有的商品信息数据需要保存到文件中，需要时可从文件中读取。请根据系统功能完成商品信息数据的导入和导出。

任务8
系统异常处理

08

学习目标

- 了解常见程序错误。
- 理解异常处理机制。
- 掌握异常捕获和处理的方法。

能力目标（含素养要点）

- 能够熟练使用各种异常处理结构（安全编程）。
- 能够根据实际情况选用合适的异常处理结构（灵活运用）。
- 能够进行异常的捕获和处理（习惯养成）。

8.1 任务描述

本任务主要完成对用户输入的成绩数据不合法、数据类型不匹配等异常的处理，使程序不仅能够处理正确的输入，对一些非法的输入也能够正常处理，从而提高系统的健壮性。完成本任务需要了解和掌握 Python 中异常处理机制和各种异常处理结构的使用方法。

8.2 技术准备

在编制程序时，错误的产生是不可避免的。引发错误的原因有很多，如下标越界、要访问的文件不存在、类型错误等。如果这些错误得不到正确的处理就会导致程序终止运行，而通过异常处理可以避免此类情况，从而使得程序更加健壮，具有更强的容错性。

8.2.1 错误类型

程序错误一般分为语法错误、运行时错误和逻辑错误 3 种。

1. 语法错误

语法错误是指不符合语法规则而产生的错误，如标识符命名错误、不正确的缩进等，这类错误通常在编辑或解释时就会被检测出来，这种错误一旦产生，程序将无法运行。

在编辑代码时，Python 会对输入的代码直接进行语法检查，如果有语法错误，就会给出相应的语法错误提示信息。

```
>>> print('a')          # print 前多加了一个空格，缩进错误
SyntaxError: unexpected indent
>>> 12a = 3             # 标识符命名错误
SyntaxError: invalid syntax
```

2. 运行时错误

有些代码在编写时没有错误，但会在程序运行过程中发生错误，这类错误称为运行时错误，例如除数为 0、列表下标越界、数据类型不匹配等。出现这类错误时，系统会中止程序运行，然后抛出异常。

```
>>> 3 / 0              # 除数为 0
Traceback (most recent call last):
  File "<pyshell#11>", line 1, in <module>
    3 / 0
ZeroDivisionError: division by zero
>>> alist = [1,2,3]
>>> alist[4]                # 列表下标越界
Traceback (most recent call last):
  File "<pyshell#13>", line 1, in <module>
    alist[4]
IndexError: list index out of range
```

微课 8-1：错误类型和异常类

3. 逻辑错误

逻辑错误又称语义错误，虽然程序并不报出任何语法错误，也没有异常，但最终程序运行结果与预期结果不一致，例如运算符使用不合理、语句次序不正确、循环语句的初始值和终值设置不正确等。

```
mysum = 0
for i in range(100):
    mysum += i
print("1 到 100 的和是: "mysum)
```

【运行结果】

1 到 100 的和是: 4950

上述求 1~100 的累加和的代码段既没有语法错误，也可正常运行，但最终得出的结果与预期不相符，这就是逻辑错误，这类错误相对于其他两类错误较难以查觉。

异常处理主要指的是第 2 类错误的处理。

8.2.2 异常类

程序运行时发生的每个异常都对应着一个异常类，Python 中的异常类有很多，一些常见异常

类如表 8-1 所示。

表 8-1　Python **常见异常类**

异常类	含义
AttributeError	对象属性错误
BaseException	所有异常的基类
Exception	常规错误基类
ImportError	导入模块/对象失败
IndentationError	缩进错误
IndexError	索引错误
IOError	输入/输出操作失败
NameError	对象命名错误
SyntaxError	语法错误
TypeError	类型无效错误
ValueError	无效的参数
ZeroDivisionError	除（或取模）零

8.2.3　异常捕获和处理

异常处理是指在程序执行过程中出错时而在正常流程控制之外采取的行为。合理使用异常处理可以使程序更加健壮，具有更高的容错性。Python 提供了多种不同形式的异常处理结构来捕获和处理异常。

1．try…except…结构
该结构语法格式如下。

```
try:
    try 代码块
except [异常类 as ex]:
    except 代码块
```

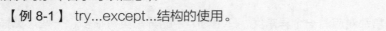

微课 8-2：异常捕
获和处理

这是 Python 异常处理结构中最基本的形式。其中 try 子句中的代码块包含可能会引发异常的语句，而 except 子句则用来捕捉相应的异常。

如果 try 子句中的代码引发异常并被 except 子句捕捉，就执行 except 子句的代码块；如果 try 中的代码块没有出现异常，就继续往下执行异常处理结构后面的代码。

如果出现异常但没有被 except 捕获，则继续往外层抛出；如果所有层都没有捕获并处理该异常，则程序会崩溃并将该异常呈现给最终用户。

except 后面可以指定要捕获的异常类，如果没有指定，表示捕捉所有的异常。ex 表示捕捉到的错误对象（名字可以任意）。

【例 8-1】 try…except…结构的使用。

求两个数的商，除数为 0 时会引发异常，可通过捕获 ZeroDivisionError 异常类来处理异常。

```
n1 = eval(input('enter a number: '))
n2 = eval(input('enter a number: '))
try:
    result = n1 / n2                    # 除数为 0 时会引发异常
except ZeroDivisionError as ex:         # 处理异常
    print(ex)
```

【运行结果】

```
enter a number:4
enter a number:0
division by zero
```

2. try...except...else...结构

该结构语法格式如下。

```
try:
    try 代码块
except [异常类 as ex]:
    except 代码块
else:
    else 代码块
```

功能：如果 try 中的代码块有异常则执行 except 代码块，没有抛出异常时则执行 else 代码块。

【例 8-2】 try...except...else...结构的使用。

仍以求两个数的商为例说明此结构的使用方法。如果除数不为 0，就输出最终结果。程序代码如下。

```
n1 = eval(input('enter a number: '))
n2 = eval(input('enter a number: '))
try:
    result = n1 / n2
except ZeroDivisionError as ex:
    print(ex)
else:
    print('{}/{}={} '.format(n1,n2,result))
```

【运行结果】

当除数为 0 时，引发异常执行 except 中的语句。

```
enter a number:4
enter a number:0
division by zero
```

如除数不为 0 则执行 else 中的语句，输出最终结果。

```
enter a number:4
```

```
enter a number:2
4/2=2.0
```

3. try...except...else...finally 结构

该结构语法格式如下。

```
try:
    try 代码块
except [异常类 as ex]:
    except 代码块
else:
    else 代码块
finally:
    finally 代码块
```

该结构的处理过程是：首先执行 try 代码块，如果 try 代码块有异常，就执行 except 代码块（发生异常的类型须与 except 后面指定的异常类型一致）；如果没有发生异常，则执行 else 代码块；最后不论是否有异常，都会执行 finally 代码块。

【例 8-3】 try...except...else...finally 结构的使用。

将上述求两个数的商的程序改写如下。

```
n1 = eval(input('enter a number: '))
n2 = eval(input('enter a number: '))
try:
    result = n1 / n2
except ZeroDivisionError as ex:
    print(ex)
else:
    print('{}/{}={} '.format(n1,n2,result))
finally:
    print('the end ')
```

【运行结果】

```
enter a number:4
enter a number:2
4/2=2.0
the end
```

再运行一次程序：

```
enter a number:4
enter a number:0
division by zero
the end
```

通过上述程序运行结果可以发现，不论是否有异常，最终都会执行 finally 代码块。

4. 捕获多个异常

实际开发中，同一段代码可能会抛出多种异常，并且需要针对不同的异常类型进行处理，这时可通过添加相应的 except 子句来实现。一个 except 子句可捕获一个异常，一旦某个 except 子句捕获到了异常，其他的 except 子句将不会再尝试捕获异常。该结构有些类似多分支选择结构，语法格式如下。

```
try:
    try 代码块
except 异常类1 [as ex1]:
    except 代码块
except 异常类2[ as ex2]:
    except 代码块
...
[else:
    else 代码块]
[finally:
    finally 代码块]
```

【例 8-4】 捕获多个异常。

仍以求两个数的商为例来说明。用户输入数据时，如果输入的数据不是数值型数据时，也会引发异常，对此异常也可进行相应的处理。代码如下。

```
try:
    n1 = eval(input('enter a number:'))
    n2 = eval(input('enter a number:'))
    result = n1 / n2
except ZeroDivisionError:
    print('除数不能为 0')
except Exception:
    print('除数和被除数应为数值型数据')
else:
    print('{}/{}={}'.format(n1,n2,result))
finally:
    print('the end')
```

【运行结果】

第一次运行，输入除数为 0 时：

```
enter a number:4
enter a number:0
除数不能为 0
the end
```

第二次运行，输入数据有一个不合法时：

```
enter a number:3
enter a number:d
除数和被除数应为数值型数据
the end
```

8.3 任务实施

8.3.1 成绩异常处理

在学生信息管理模块中添加相应的异常处理的方法，保证输入的成绩范围为 0~100。

在任务 6 实现的 StudentList 类中添加一个处理成绩输入异常的方法，代码如下。

```python
def __enterScore(self,message):
    while True:
        try:
            score = input(message)
            if 0 <= int(score) <= 100:
                break
            else:
                print('输入错误，成绩应在 0 到 100 之间')
        except:
            print('输入错误，成绩应在 0 到 100 之间')
    return score
```

然后将 StudentList 类中原来的 insert()和 update()方法分别做相应的修改，输入各科成绩时利用_enterScore()方法来实现，以保证输入的成绩范围为 0~100。

修改后的 insert()方法代码如下。

```python
def insert(self):            #添加学生信息
    while True:
        no = input('学号:')
        name = input('姓名:')
        chinese = self.__enterScore('语文成绩:')
        math = self.__enterScore('数学成绩:')
        english = self.__enterScore('英语成绩:')
        stu = Student(no,name,chinese,math,english)
        self.stulist.append(stu)
        choice = input('继续添加(y/n)?').lower()
        if choice == 'n':
            break
```

修改后的 update()方法代码如下。

```
def update(self):          #修改学生信息
    while True:
        no = input('请输入要修改的学生学号:')
        for stu in self.stulist:
            if stu.no == no:
                stu.name = input('姓名:')
                stu.chinese = int(self.__enterScore('语文成绩:'))
                stu.math = int(self.__enterScore('数学成绩:'))
                stu.english = int(self.__enterScore('英语成绩:'))
                print('修改成功')
                break
        else:
            print('该学号不存在')
        choice = input('继续修改(y/n)?').lower()
        if choice == 'n':
            break
```

8.3.2 系统测试

运行程序,测试系统各功能。添加和修改学生信息的结果如图 8-1 所示。由结果可以看出,不论是添加学生信息还是修改学生信息,当输入非法成绩时,都能够给出相应的提示,要求用户重新输入,直到用户输入合法数据为止,从而保证了输入成绩范围是 0~100。

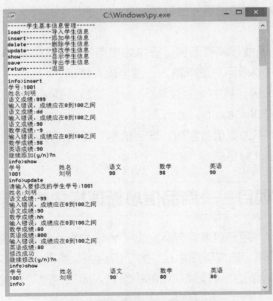

图 8-1　添加和修改学生信息的结果

8.4　任务小结

通过本任务的学习，我们了解了异常的处理机制，掌握了异常处理的不同方法。平时准备越充分，应对风险的能力也就越强。编制程序也一样，要充分考虑各种异常情况，做出相应处理，以提高程序健壮性、提升用户使用体验。

8.5　练习题

一、填空题

1. 程序错误一般分为语法错误、运行时错误和逻辑错误 3 种，因不符合语法规则而产生的错误为_____。

2. 异常处理结构 try...except...else 中，通常把会引发异常的语句放在_____子句中。

3. 异常处理结构 try...except...else 中，如果有异常发生则执行_____子句中的代码。

4. 异常处理结构 try…except...else 中，如果没有异常发生则执行_____子句中的代码。

5. 异常处理结构 try...except...else...finally 中，_____子句中的代码不论是否发生异常都是会执行的。

二、判断题

1. 程序中异常处理结构在大多数情况下是没必要的。　　　　　　　　　　　　　　（　　）

2. 在 try...except...else 结构中，如果 try 块的语句引发了异常，则会执行 else 块中的代码。
　　　　　　　　　　　　　　　　　　　　　　　　　　　　　　　　　　　　　（　　）

3. 异常处理结构中的 finally 代码块中的代码仍然有可能出错从而再次引发异常。　（　　）

4. 带有 else 子句的异常处理结构，如果不发生异常则执行 else 子句中的代码。　（　　）

5. 在异常处理结构中，不论是否发生异常，finally 子句中的代码总是会执行的。　（　　）

三、上机练习题

1. 输入学生成绩，判断成绩是否及格。要求如果用户输入的数据不是整数或不在[0,100]时给出相应的错误提示信息，并要求用户重新输入，直至输入正确。

2. 编写函数 devide(x,y)，其中 x 为被除数，y 为除数。要求考虑以下异常情况的处理。

（1）被 0 除时，输出"division by zero!"。

（2）x 和 y 的数据类型不为数值类型时，输出信息"数据类型错误"。

若没有上述异常则输出计算结果。

8.6　拓展实践项目——商品信息管理模块的异常处理

在输入商品信息数据时，用户可能会输入一些不合法数据，如销量超出了正常范围、数据类型不匹配等，从而导致系统异常，造成程序中止。为了避免类似情况，需要对系统做相应的异常处理，以提高程序健壮性。请为商品信息管理模块中的销量输入添加相应的异常处理方法，保证输入的商品销量范围为 0～1000。

任务9

基于SQLite的学生信息管理系统

09

学习目标

- 了解 SQLite 数据库的特点。
- 理解 SQLite 数据库的基本概念。
- 掌握 Python 操作 SQLite 数据库的步骤和方法。

能力目标（含素养要点）

- 能够熟练使用 SQL 语句完成数据库操作（勤思多练　精益求精）。
- 能够熟练使用 Python 操作 SQLite 数据库（知行合一）。

9.1　任务描述

几乎所有的信息管理系统都离不开数据库的支持。本任务基于 SQLite 数据库来实现学生信息管理系统，系统主要功能有学生基本信息的添加、删除、修改、显示和数据导入、导出及成绩统计等。要完成本任务，需要了解和掌握 SQLite 数据库的基本操作及 Python 操作 SQLite 数据库的步骤和方法。

9.2　技术准备

Python 支持目前常用的数据库，如 SQLite、MySQL、Oracle、SQL Server、MongoDB 等。SQLite 数据库使用简单、方便，且 Python 本身内置了操作 SQLite 的相应模块，不需要额外安装数据库管理系统及第三方扩展库，其他数据库的使用需要安装相应的数据库管理系统及第三方扩展库。本任务基于 SQLite 数据库实现。

9.2.1　SQLite 数据库简介

1. SQLite 数据库

SQLite 数据库是一个轻量级的关系数据库管理系统，它的设计目标是嵌入式的，在一些嵌入式产品中应用得比较广泛。SQLite 中单个数据库最大允许容量为 140 TB，每个数据库完全存储在单个磁盘文件中。一个数据库就是一个文件，通过直接复制数据库就可实现数据库的备份。

　　SQLite 是关系数据库，一个数据库可由多个数据库表组成，一个数据库表就是一张二维表格。每张表格都有一个名称，且名称必须是唯一的。

　　表由若干条记录构成。每条记录包含若干个字段。每个字段的名称也必须是唯一的，每个字段都有对应的数据类型和取值范围。

　　SQLite 支持 null（空）、integer（整型）、real（浮点数）、text（文本）和 blob（大二进制对象）5 种数据类型。

微课 9-1：SQLite
数据库

2. SQL 语句

　　SQL（Structured Query Language，结构化查询语言）是操作各种关系数据库的通用语言。SQLite 支持使用 SQL 语句来访问数据库。常用的 SQL 语句有以下几种。

　　（1）表的创建

　　格式：`create table 表名(字段名 类型,字段名类型,…)`

　　【例 9-1】 创建一个 student 表，包含 no(学号)、name(姓名)、sex(性别)、score(成绩)字段。

```
create table student(no text,name text,sex text,score integer)
```

　　（2）记录的插入

　　格式：`insert into 表名([字段列表]) values(字段值列表)`

说明 字段值和字段一一对应，如果是给所有字段赋值，字段列表可以省略。

　　【例 9-2】 向表 student 中插入一条记录。

```
insert into student values('1001', '李军', '男',89)
```

　　（3）记录的修改

　　格式：`update 表名 set 字段名=值[,字段名=值] [where 条件]`

说明 可一次修改一个字段的值，也可一次修改多个字段的值。若不加条件则表示默认修改所有记录，否则只修改满足条件的记录。

　　【例 9-3】 将 student 表中成绩在 60 分以下的修改为 60。

```
update student set score = 60 where score < 60
```

　　（4）记录的删除

　　格式：`delete from 表名 [where 条件]`

说明 若不加条件则表示删除表中所有记录，否则只删除满足条件的记录。

　　【例 9-4】 删除表中所有的男生记录。

```
delete from student where sex = '男'
```

　　（5）记录的查询

格式：select 字段列表 from 表名 [where 条件] [order by 字段 [asc|desc]] [group by 字段] [limit n,m]

说明如下。

① 字段列表可以是表中的一个或多个字段，各字段之间用逗号分隔，如要选择所有字段，可用"*"表示。

② where 条件：表示只查询满足条件的记录。

③ order by 字段：表示将查询结果按指定字段进行排序，默认升序排列（asc），desc 表示降序排列。

④ group by 字段：表示按字段对记录进行分组统计，常配合 count()、sum()、avg()、max() 和 min()等函数使用。

⑤ limit n,m：表示选取从第 n 条记录开始的 m 条记录，如 n 省略，则表示选取前 m 条记录。

【例 9-5】 select 语句的使用。

① 查询 student 表中所有记录。

```
select * from student
```

② 查询表中成绩在 90 分以上的学生记录。

```
select * from student where score >= 90
```

③ 查询表中所有的记录，按成绩从高到低排序。

```
select * from student order by score desc
```

④ 查询表中所有男生、女生的人数。

```
select sex,count(*) as 人数 from student group by sex
```

⑤ 查询表中从第 3 条记录开始的 4 条记录。

```
select * from student limit 3,4
```

3. 可视化管理工具

SQLite 数据库没有提供图形操作界面，多数情况下都是通过 SQL 语句来对数据库进行操作的，但也有一些可视化管理工具，如 SQLite Manager、SQLite Database Browser 等提供了 SQLite 的图形化界面，可以利用这些可视化管理工具来对数据库进行管理。图 9-1 所示是 SQLiteManager 的使用界面。

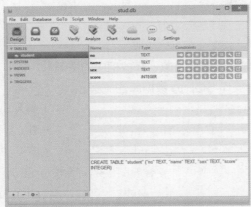

图 9-1 SQLiteManager 的使用界面

9.2.2 通过 Python 操作 SQLite 数据库

1. 模块导入

Python 自带支持 SQLite 数据库的相关模块。要访问和操作 SQLite 数据库，
需要先导入相应的 sqlite3 模块。

```
>>> import sqlite3                # 导入 sqlite3 模块
```

微课 9-2：Python
操作 SQLite 数
据库

2. Python 操作 SQLite 数据库的基本步骤

（1）建立数据库连接

格式：`con = sqlite3.connect(<数据库名>)`

功能：建立与指定数据库的连接，如果指定的数据库不存在，会自动创建该
数据库。连接成功后返回一个与数据库关联的 connection 对象。con 为自行指定的 connection
对象名。

```
>>> con = sqlite3.connect('d:/db/stud.db')      # 建立数据库连接
```

（2）从连接对象获取游标对象 cursor

格式：`cur = con.cursor()`

功能：从数据库连接对象获取游标对象 cursor。con 为上一步中数据库连接成功后的
connection 对象。cur 为自行指定的游标名。

（3）执行相应的 sql 语句

格式：`cur.execute(sql)`

功能：执行 sql 语句。cur 为从数据库连接对象获取的游标对象。

> **说明** sql 语句的执行既可利用游标对象 cursor 的 execute()方法，也可直接利用数据库连接对象
> connection 的 execute()方法。

（4）提交事务

格式：`con.commit()`

功能：提交所有的操作，把更新写入数据库中。

（5）关闭游标和数据库连接

```
格式：cur.close()      # 关闭游标对象
      con.close()      # 关闭数据库连接对象
```

功能：关闭游标对象和数据库连接对象，释放相应的资源。

【例 9-6】 通过 Python 操作 SQLite 数据库的流程。

```
>>> import sqlite3                                        # 导入 sqlite3 模块
>>> con = sqlite3.connect('d:/db/stud.db')               # 建立数据库连接
>>> cur = con.cursor()                                   # 获取游标对象
>>> sql = "insert into student values('1001','李军','男',90)"   # sql 语句
>>> cur.execute(sql)                                     # 执行 sql 语句
<sqlite3.Cursor object at 0x0000001631715570>
```

```
>>> con.commit()                    # 提交事务
>>> cur.close()                     # 关闭游标对象
>>> con.close()                     # 关闭数据库连接对象
```

微课 9-3：
connection 和
cursor 对象

9.2.3 connection 对象

建立数据库连接时，连接成功后会返回一个与数据库相关联的 connection 对象。该对象提供了若干方法来对数据库进行操作，常用方法如表 9-1 所示。

表 9-1 connect 对象的常用方法

方法	说明
execute(sql[,parameters])	执行一条 sql 语句
executemany(sql[,parameters])	执行多条 sql 语句
cursor()	返回连接的游标
commit()	执行当前事务（事务其实就是一系列操作），如果不提交，那么上次调用 commit() 方法之后的所有修改都不会真正保存到数据库中
rollback()	撤销当前事务，将数据库恢复至上次调用 commit() 方法后的状态
close()	关闭数据库连接

9.2.4 cursor 对象

connection 对象的 cursor() 方法调用成功后会返回一个 cursor 对象，用于对查询到的结果进行操作，该对象的常用方法如表 9-2 所示。

表 9-2 cursor 对象的常用方法

方法	说明
execute(sql[,parameters])	执行一条 sql 语句
executemany(sql[,parameters])	执行多条 sql 语句
fetchone()	从结果集中获取一条记录
fetchall()	从结果集中获取所有记录
fetchmany([size])	从结果集中获取多条记录
close()	关闭游标

connection 对象和 cursor 对象都提供了执行 sql 语句的 execute() 和 executemany() 方法。两者使用情况基本相同。

1. execute() 方法

格式：execute(sql[,parameters])

功能：执行一条 sql 语句，可以为 sql 语句传递参数。传递参数时可以使用问号"?"和命名变量作为占位符。

【例 9-7】 记录的插入。设数据库 stud.db 中的表 student 的原始数据如图 9-2 所示。

图 9-2　表 student 的原始数据

```
>>> import sqlite3
>>> con = sqlite3.connect('d:/db/stud.db')
>>> cur = con.cursor()
>>> sql = "insert into student values('1002','孙明','男',87)"
>>> cur.execute(sql)
<sqlite3.Cursor object at 0x000000BEFC1955E0>
>>> sql = "insert into student values(?,?,?,?)"        # sql 语句中使用 "?" 作为占位符
>>> cur.execute(sql,('1003','王芳','女',80))             # 以元组形式传递相应的参数
<sqlite3.Cursor object at 0x000000FF0F97F730>
# 使用命名变量作为占位符
>>> sql = "insert into student values(:no,:name,:sex,:score)"
# 以字典形式传递参数
>>> cur.execute(sql,{'no':'1004','name':'李云','sex':'女','score':90})
<sqlite3.Cursor object at 0x000000BEFC1955E0>
>>> con.commit()
>>> cur.close()
>>> con.close()
```

上述代码中分别利用了 3 种不同方式往表 student 中插入 3 条记录，运行结果如图 9-3 所示。

图 9-3　运行结果

2. executemany()方法

格式：`executemany(sql[,parameters])`

功能：一次执行多条 sql 语句，同样支持为 sql 语句传递参数。传递参数时可以使用问号 "?" 和命名变量作为占位符。该方法通常用来对所有给定参数执行同一个 sql 语句，参数序列可以使用

不同方式产生。

【例 9-8】 一次插入多条记录。在图 9-3 的基础上进行操作。

```
>>> con = sqlite3.connect('d:/db/stud.db')
>>> cur = con.cursor()
>>> stus = [('1005','赵宁','男',78),('1006','张朋','男',98)]    # 待插入数据
>>> sql = "insert into student values(?,?,?,?)"               # sql 语句
>>> cur.executemany(sql,stus)     # 为待插入数据序列中每个元素执行一次 sql 语句
<sqlite3.Cursor object at 0x000000BEFC1CD260>
>>> con.commit()
```

运行结果如图 9-4 所示。

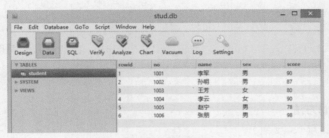

图 9-4 运行结果

3. fetchone()方法

当 sql 语句是 select 查询语句时，执行后会返回相应的查询结果集（为一可迭代对象）。fetchone()方法用于从查询结果集中读取当前一条记录，以元组的形式返回。每读取一次，指针自动移动到下一条记录。

【例 9-9】 fetchone()方法的使用。

```
>>> import sqlite3
>>> con = sqlite3.connect('d:/db/stud.db')
>>> cur = con.cursor()
>>> sql = "select * from student"
>>> result = cur.execute(sql)             # 执行查询，返回结果集
>>> row = result.fetchone()               # 读取一条记录
>>> row
('1001', '李军', '男', 90)                 # 结果为表中第 1 条记录
>>> row = result.fetchone()               # 读取一条记录
>>> row
('1002', '孙明', '男', 87)                 # 结果为表中第 2 条记录
>>> cur.close()
>>> con.close()
```

从上述代码可以看出，每调用一次 fetchone()方法，都获取了结果集中当前指针所指的记录，读取完一条记录后指针自动下移。

4. fetchall()方法

fetchall()方法用于从结果集中获取所有记录。结果以列表形式返回，列表中每个元素是一个元组，存放的是表中的一条记录。

【例 9-10】 fetchall()方法的使用。

```
>>> import sqlite3
>>> con = sqlite3.connect('d:/db/stud.db')
>>> cur = con.cursor()
>>> sql = "select * from student"
>>> result = cur.execute(sql)
>>> rows = result.fetchall()                    # 获取所有记录
>>> rows
[('1001', '李军', '男', 90), ('1002', '孙明', '男', 87), ('1003', '王芳', '女', 80),
('1004', '李云', '女', 90), ('1005', '赵宁', '男', 78), ('1006', '张朋', '男', 98)]
>>> cur.close()
>>> con.close()
```

5. fetchmany()方法

格式：`fetchmany([size])`

功能：用于从结果集中获取指定的记录条数。如果参数 size 省略，则默认获取一条记录。返回结果为一列表，列表中每个元素是一个元组，存放的是表中的一条记录。

【例 9-11】 fetchmany()方法的使用。

```
>>> import sqlite3
>>> con = sqlite3.connect('d:/db/student.db')
>>> cur = con.cursor()
>>> sql = "select * from student"
>>> result = cur.execute(sql)
>>> rows = result.fetchmany(2)                   # 获取 2 条记录
>>> rows
[('1001', '李军', '男', 90), ('1002', '孙明', '男', 87)]
>>> rows = result.fetchmany()                    # 没有指定大小，只获取一条记录
>>> rows
[('1003', '王芳', '女', 80)]
>>> cur.close()
>>> con.close()
```

6. 结果集的遍历

当使用 select 查询时，返回的查询结果集是一可迭代对象，既可以用前面介绍的 fetchone()、fetchall()、fetchmany()方法来获取结果集中的记录，也可直接利用 for 循环遍历结果集。

【例 9-12】 结果集的遍历。

```
import sqlite3
```

```
con = sqlite3.connect('d:/db/stud.db')
cur = con.cursor()
sql = "select * from student"
result = cur.execute(sql)
for row in result:
    print(row)
cur.close()
con.close()
```
【运行结果】

```
('1001', '李军', '男', 90)
('1002', '孙明', '男', 87)
('1003', '王芳', '女', 80)
('1004', '李云', '女', 90)
('1005', '赵宁', '男', 78)
('1006', '张朋', '男', 98)
```

9.3 任务实施

9.3.1 准备工作

首先导入所需的库，相关代码如下。

```
import os
import sqlite3
```

9.3.2 数据库设计及操作

将学生信息存储在数据库 StuDB 中的 student 表中，表中包括学号、姓名、语文成绩、数学成绩和英语成绩 5 个字段。

定义一个 StuDB 类，在类中添加相应方法用于实现数据库连接、创建表、关闭数据库连接等。相关代码如下。

```
class StuDB:
    def __init__(self):
        self.con = ''
        self.cur = ''

    def connect(self,db):
        self.con = sqlite3.connect(db)
```

```
        self.cur = self.con.cursor()
        try:
            sql = '''
            create table student (
            no text,
            name text,
            chinese integer,
            math integer,
            english integer )
            '''
            self.cur.execute(sql)
        except:
            pass

    def close(self):
        self.con.commit()
        self.cur.close()
        self.con.close()
```

9.3.3　学生基本信息管理

1. 学生信息显示

在 StuDB 类中添加一个 show()方法，用于显示学生信息，代码如下。

```
    def show(self):
        format_head = '{:8}\t{:8}\t{:8}\t{:8}\t{:8}'
        print(format_head.format('学号','姓名','语文','数学','英语'))
        sql = 'select * from student'
        self.cur.execute(sql)
        rows = self.cur.fetchall()
        format_con = '{:8}\t{:8}\t{:<8}\t{:<8}\t{:<8}'
        for row in rows:
            print(format_con.format(row[0],row[1],row[2],row[3],row[4]))
```

2. 学生信息添加

添加学生信息时，为了保证成绩在 0 ~ 100，在 StuDB 类中定义一个输入成绩的方法 __enterScore()，代码如下。

```
    def __enterScore(self,message):
        while True:
            try:
```

```
        score = input(message)
        if 0 <= int(score) <= 100:
            break
        else:
            print('输入错误，成绩应在 0 到 100 之间')
    except:
        print('输入错误，成绩应在 0 到 100 之间')
    return int(score)
```

在信息添加、删除和修改时都需要判断学号是否存在，因此在 StuDB 类中定义一个方法
__exists()用于判断学号是否存在，代码如下。

```
def __exists(self,no):
    sql = 'select * from student where no = ?'
    result = self.cur.execute(sql,(no,))
    rows = result.fetchall()
    if len(rows) > 0:
        return True
    else:
        return False
```

在 StuDB 类中定义一个往表中插入记录的方法，代码如下。

```
def __insert(self,no,name,chinese,math,english):
    sql='insertintostudent(no,name,chinese,math,english) values(?,?,?,?,?)'
    self.cur.execute(sql,(no,name,chinese,math,english))
    if self.cur.rowcount > 0:
        print('插入成功')
    else:
        print('插入失败')
```

在 StuDB 类中定义一个添加记录的方法，用于接收用户输入的数据。先判断用户输入的学号
是否存在，只有当添加的学号不存在时，才把记录添加到表中；如果学号已经存在，则给出相应的
提示。代码如下。

```
def insert(self):
    while True:
        no = input('学号: ')
        if self.__exists(no):
            print('该学号已存在')
        else:
            name = input('姓名: ')
            chinese = self.__enterScore('语文成绩:')
            math = self.__enterScore('数学成绩:')
```

```
        english = self.__enterScore('英语成绩:')
        if no != '' and name != '':
            self.__insert(no,name,chinese,math,english)
        else:
            print('请将信息输入完整')
    choice = input('继续添加(y/n)?').lower()
    if choice == 'n':
        break
```

3. 学生信息修改

首先在 StuDB 类中定义一个修改表中记录的方法，代码如下。

```
def __update(self,no,name,chinese,math,english):
    sql='update student set name=?,chinese=?,math=?,english=? where no=?'
    self.cur.execute(sql,(name,chinese,math,english,no))
    if self.cur.rowcount > 0:
        print('修改成功')
    else:
        print('修改失败')
```

然后在 StuDB 类中定义一个修改学生记录的方法，用于接收用户输入的数据，只有当用户输入的学号存在时，才能修改相应的记录。代码如下。

```
def update(self):
    while True:
        no = input('请输入要修改的学号:')
        if not self.__exists(no):
            print('该学号不存在')
        else:
            name = input('姓名: ')
            chinese = self.__enterScore('语文成绩:')
            math = self.__enterScore('数学成绩:')
            english = self.__enterScore('英语成绩:')
            if no != '' and name != '' :
                self.__update(no,name,chinese,math,english)
            else:
                print('请将信息输入完整')
        choice = input('继续修改(y/n)?').lower()
        if choice == 'n':
            break
```

4. 学生信息删除

首先在 StuDB 类中定义一个删除表中记录的方法，代码如下。

```python
def __delete(self,no):
    sql = 'delete from student where no = ?'
    self.cur.execute(sql,(no,))
    if self.cur.rowcount > 0:
        print('删除成功')
    else:
        print('删除失败')
```

然后在 StuDB 类中定义一个删除学生信息的方法，用以接收用户要删除的学生的学号。如果该学号在表中存在，则删除相应的记录，否则给出相应的提示信息。代码如下。

```python
def delete(self):
    while True:
        no = input('请输入要删除的学号: ')
        if not self.__exists(no):
            print('该学号不存在')
        else:
            self.__delete(no)
        choice = input('继续删除(y/n)?').lower()
        if choice == 'n':
            break
```

5. 数据导入

在 StuDB 类中定义一个方法，用于从文件中将学生信息数据导入表中，学生信息数据在文件中的存放格式是一行存放一条记录，各字段之间用逗号分隔，代码如下。

```python
def load(self):
    fn = input('请输入要导入的文件名:')
    if os.path.exists(fn):
        with open(fn,'r',encoding = 'utf-8') as fp:
            while True:
                s = fp.readline().strip('\n')
                if s == '':
                    break
                stu = s.split(',')
                no = stu[0]
                name = stu[1]
                chinese = int(stu[2])
                math = int(stu[3])
                english = int(stu[4])
                if self.__exists(no):
                    print('该学生已存在')
```

```
            else:
                self.__insert(no,name,chinese,math,english)
        print('导入完毕')
    else:
        print('要导入的文件不存在')
```

6. 数据导出

在 StuDB 类中定义一个方法，用于把表中数据导出到文件中，数据导出格式是一行存放一条记录，记录各字段之间用逗号分隔，代码如下。

```
def save(self):
    fn = input('请输入要导出的文件名:')
    with open(fn,'w',encoding = 'utf-8') as fp:
        self.cur.execute('select * from student')
        rows = self.cur.fetchall()
        for row in rows:
            fp.write(row[0] + ',' )
            fp.write(row[1] + ',' )
            fp.write(str(row[2]) + ',' )
            fp.write(str(row[3]) + ',' )
            fp.write(str(row[4])+ '\n')
        print('导出完毕')
```

9.3.4　学生成绩统计

1. 课程平均分

在 StuDB 类中定义一个方法，用于统计每门课程的平均分，代码如下。

```
def scoreavg(self):
    sql = 'select avg(chinese),avg(math),avg(english) from student'
    self.cur.execute(sql)
    result = self.cur.fetchone()
    print('语文成绩平均分是: %.2f'%result[0])
    print('数学成绩平均分是: %.2f'%result[1])
    print('英语成绩平均分是: %.2f'%result[2])
```

2. 课程最高分

在 StuDB 类中定义一个方法，用于统计每门课程的最高分，代码如下。

```
def scoremax(self):
    sql = 'select max(chinese),max(math),max(english) from student'
    self.cur.execute(sql)
    result = self.cur.fetchone()
```

```python
print('语文成绩最高分是：%d'%result[0])
print('数学成绩最高分是：%d'%result[1])
print('英语成绩最高分是：%d'%result[2])
```

3. 课程最低分

在 StuDB 类中定义一个方法，用于统计每门课程的最低分，代码如下。

```python
def scoremin(self):
    sql = 'select min(chinese),min(math),min(english) from student'
    self.cur.execute(sql)
    result = self.cur.fetchone()
    print('语文成绩最低分是：%d'%result[0])
    print('数学成绩最低分是：%d'%result[1])
    print('英语成绩最低分是：%d'%result[2])
```

9.3.5 系统界面

1. 基本信息管理界面

在 StuDB 类中添加一个方法，用于显示基本信息管理的菜单，循环等待用户输入命令执行相应的功能，代码如下。

```python
def infoprocess(self,db):
    self.connect(db)
    print('学生基本信息管理'.center(24,'='))
    print('load ------------导入学生数据')
    print('insert -----------插入学生信息')
    print('delete -----------删除学生信息')
    print('update -----------修改学生信息')
    print('show -------------显示学生信息')
    print('save -------------导出学生数据')
    print('return -----------返回')
    print(''.center(32,'='))
    while True:
        s = input('info>').strip().lower()
        if s == 'load':
            self.load()
        elif s == 'insert':
            self.insert()
        elif s == 'delete':
            self.delete()
        elif s == 'update':
```

```
        self.update()
    elif s == 'show':
        self.show()
    elif s == 'save':
        self.save()
    elif s =='return':
        break
    else:
        print('输入错误')
self.close()
```

2. 成绩统计界面

在 StuDB 类中添加一个方法,用于显示成绩统计的菜单,循环等待用户输入命令执行相应的功能,代码如下。

```
def scoreprocess(self,db):
    self.connect(db)
    print('学生成绩统计'.center(24,'='))
    print('avg     --------课程平均分')
    print('max     --------课程最高分')
    print('min     --------课程最低分')
    print('return  --------返回')
    print(''.center(30,'='))
    while True:
        s = input('score>').strip().lower()
        if s == 'avg':
            self.scoreavg()
        elif s == 'max':
            self.scoremax()
        elif s == 'min':
            self.scoremin()
        elif s == 'return':
            break
        else:
            print('输入错误')
    self.close()
```

3. 系统主界面

在 StuDB 类中添加一个方法,用于显示系统功能菜单,循环等待用户输入命令执行相应的功能,代码如下。

```
def main(self,db):
```

```
while True:
    print('学生信息管理系统(数据库版)'.center(20,'='))
    print('info  -------学生基本信息管理')
    print('score -------学生成绩统计')
    print('exit  -------退出系统')
    print(''.center(32,'='))
    s = input('main>').strip().lower()
    if s == 'info':
        self.infoprocess(db)
    elif s == 'score':
        self.scoreprocess(db)
    elif s == 'exit':
        break
    else:
        print('输入错误')
```

9.3.6 系统测试

实例化一个 StuDB 类，然后调用其 main()方法，代码如下。

```
if __name__ == '__main__':
    sd = StuDB()
    sd.main('d:/db/StuDB.db')    # 数据库存放路径和名字可根据实际情况替换
```

运行程序，测试系统各功能。

1. 系统主菜单功能测试

系统运行后，首先显示主功能菜单，然后显示相应的命令提示符"main>"，等待用户输入相应的命令。用户输入 info 后会进入学生基本信息管理模块，用户输入 score 后会进入学生成绩统计模块。在每个模块中都可通过命令 return 返回主菜单，运行结果如图 9-5 所示。

图 9-5 运行结果

2．数据导入功能测试

设要导入的 stu.csv 文件中存放了一些学生记录，内容如图 9-6 所示。

在学生基本信息管理模块中执行数据导入功能，运行结果如图 9-7 所示。

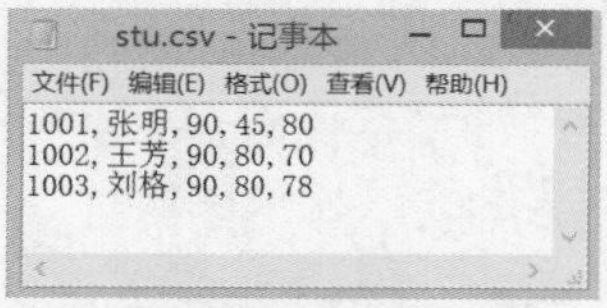

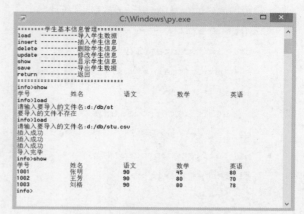

图 9-6　要导入文件中的内容

图 9-7　数据导入功能运行结果

3．学生信息添加功能测试

在学生基本信息管理模块中执行信息添加功能，运行结果如图 9-8 所示。

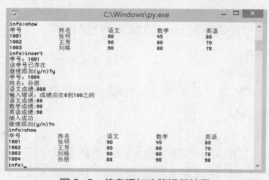

图 9-8　信息添加功能运行结果

4．学生信息修改功能测试

在学生基本信息管理模块中执行信息修改功能，运行结果如图 9-9 所示。

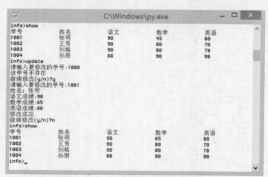

图 9-9　信息修改功能运行结果

5. 学生信息删除功能测试

在学生基本信息管理模块中执行信息删除功能，运行结果如图 9-10 所示。

图 9-10　信息删除功能运行结果

6. 数据导出功能测试

在学生基本信息管理模块中执行数据导出功能，运行结果如图 9-11 所示。

导出文件 stu_bak.csv 中的内容如图 9-12 所示。

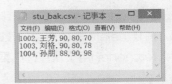

图 9-11　数据导出功能运行结果　　　　图 9-12　导出文件 stu_bak.csv 中的内容

7. 成绩统计功能测试

在成绩统计模块中执行求课程平均分、最高分和最低分功能，运行结果如图 9-13 所示。

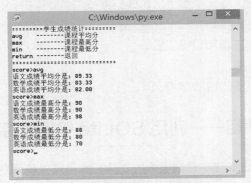

图 9-13　成绩统计功能运行结果

由上述各运行结果可以看出，系统能够正常完成学生信息的添加、删除、修改、显示及数据的导入、导出，同时也能够实现成绩的统计处理，实现了系统需求分析所要求的各项功能。

9.4 任务小结

通过本任务的学习，我们了解和掌握了 SQLite 数据库的基本操作，能够利用 Python 熟练操作 SQLite 数据库，并能独立开发基于 SQLite 数据库的小型信息管理系统。

9.5 练习题

一、填空题

1. Python 要操作 SQLite 数据库，需要导入_____模块。

2. 设表中有足够多的记录，查询语句 "select * from stu limit 2,5" 查询到的记录条数是_____。

3. 用于从查询结果集中获取所有记录的方法是_____。

4. 用于提交事务的方法是_____。

5. _____方法用于从查询结果集中获取指定的记录条数。

二、判断题

1. SQLite 是一种关系数据库。   (   )

2. 使用 update 修改表中字段时，一次只能修改一个字段。   (   )

3. 使用 delete 删除表中记录时，没有指定条件时默认只删除当前记录。   (   )

4. fetchone() 用于从查询结果集中读取当前记录，返回结果是一个列表。   (   )

5. fetchmany() 方法没有指定参数时，默认获取所有记录。   (   )

三、上机练习题

已知有员工表（包含工号、姓名、性别、部门、工资等字段），要求实现如下功能。

1. 查询表中全部数据。

2. 查询表中工资大于 8000 元的员工，查询结果按工资降序排列。

3. 统计每个部门的员工人数。

4. 统计每个部门的最高工资和最低工资。

5. 统计男、女员工的人数。

6. 将工资在 2000 元以下的增加 500 元。

9.6 拓展实践项目——利用 SQLite 数据库存储商品信息数据

几乎所有的信息管理系统都离不开数据库的支持，商品信息管理系统也一样。请利用 SQLite 数据库来存储商品信息数据，在此基础上完成商品基本信息的添加、删除、修改和显示及数据的导入、导出，同时实现商品销量的统计。

结束语

　　通过本书的学习，我们了解和掌握了 Python 的基础知识，掌握了 3 种基本控制结构的使用方法、各种序列的使用方法、自定义函数和系统常用函数的使用方法、文件的使用方法、数据库操作和异常处理的方法等，能够熟练使用结构化程序设计和面向对象程序设计方法来开发小型信息管理系统。通过本书获得的这些知识和能力可为我们后续学习人工智能、数据分析与处理、系统自动化运维、网站开发、网络爬虫等奠定坚实的基础。长风破浪会有时，直挂云帆济沧海。编者认为，学好 Python，将来一定能在工作岗位上大展身手。

参考文献

[1] 山东省教育厅. 大学 IT（数据科学基础）[M]. 青岛：中国石油大学出版社，2019.

[2] 周元哲. Python 3.x 程序设计基础[M]. 北京：清华大学出版社，2019.

[3] 黄锐军.Python 程序设计[M]. 北京：高等教育出版社，2018.

[4] 黑马程序员. Python 快速编程入门[M]. 北京：人民邮电出版社，2017.

[5] 黑马程序员.Python 程序设计现代方法[M]. 北京：人民邮电出版社，2019.

[6] 黑马程序员.Python 实战编程：从零学 Python [M]. 北京：中国铁道出版社，2018.

[7] 明日科技. Python 数据分析案例实战[M]. 北京：人民邮电出版社，2020.

[8] 董付国. Python 程序设计[M]. 北京：清华大学出版社，2017.

[9] 董付国. Python 可以这样学[M]. 北京：清华大学出版社，2017.

[10] 郑征. Python 自动化运维快速入门[M]. 北京：清华大学出版社，2019.